Elementare Theorie
der
Fibonacci- und Lucas-Zahlen

von
Günter Lotz-Grütz

2.Auflage

Herstellung und Verlag:
BoD - Books on Demand, Norderstedt
ISBN 978-3-7357-9066-8

Vorwort

Der Mathematiker Leonardo von Pisa (1170-1240), genannt Fibonacci, "Sohn des Bonaccio" führte in Europa das indisch-arabische Ziffernsystem und die Algebra ein. Er befasste sich insbesondere mit den Gesetzen der Zahlen und bearbeitete eine Reihe von zahlentheoretischen Problemen.

Erst im 19. Jahrhundert griff der französische Zahlentheoretiker Edouard Lucas ein spezielles Problem des Fibonacci auf, in dem eine erstaunliche Zahlenfolge beschrieben war: Eine unendliche Zahlenfolge, deren erste sechs Glieder die Zahlen 1, 2, 3, 5, 8 und 13 sind. Lucas nannte diese Folge Fibonacci-Folge, verallgemeinerte das Problem und untersuchte ähnlich aufgebaute Folgen.

Die nächst einfache Folge heißt heute Lucas-Folge.

Die Fibonacci-Folge und die Lucas-Folge sind einfache Zahlenfolgen, deren Terme, die Fibonacci- bzw. Lucas-Zahlen, viele interessante Zusammenhänge und Eigenschaften aufweisen.

Die folgenden Ausführungen befassen sich mit der elementaren Theorie der Fibonacci- und Lucas-Zahlen. Es werden, ausgehend von der Zahl Φ des Goldenen Schnitts, Eigenschaften, sowohl der Fibonacci-, als auch der Lucas-Zahlen untersucht und hergeleitet, beziehungsweise bewiesen. Unter anderem wird gezeigt:

- Der Quotient zweier aufeinanderfolgender Fibonacci-Zahlen, wie auch der Quotient aufeinanderfolgender Lucas-Zahlen, konvergiert gegen die Zahl Φ des Goldenen Schnitts.

- Der allgemeine Folgenterm beider Folgen lässt sich durch die Lösungen der quadratischen Gleichung des Goldenen Schnitts darstellen.

- Alle Fibonacci-Zahlen lassen sich durch eine Summe von Lucas-Zahlen darstellen.

- Jede prime Fibonacci-Zahl führt zu einem pythagoreischen Zahlentripel.

Weiter werden Teilbarkeitseigenschaften, sowohl der Fibonacci-, als auch der Lucas-Zahlen untersucht, wobei sich folgendes zeigt:

- Alle Fibonacci- und Lucas-Zahlen mit einem durch 3 teilbaren Index $i = 3 \cdot n$ sind gerade.

- Alle Fibonacci-Zahlen mit einem durch p teilbaren Index $i = p \cdot n$ sind durch die p-te Fibonacci-Zahl teilbar.

- Alle primen Fibonacci-Zahlen mit $i > 4$, $i \in N$, haben auch einen primen Index.

- Alle Lucas-Zahlen mit Index $i = 4n + 2$, $n \in N$, sind durch 3 teilbar.

- Keine Lucas-Zahl ist durch 5 teilbar.

Diese und viele weitere Eigenschaften der Fibonacci- und Lucas-Zahlen sind Gegenstand der nachfolgenden Ausführungen.

An jedes der vier Kapitel ist dabei eine Zusammenfassung angeschlossen, in der die wichtigsten Beziehungen wie in einer Formelsammlung zu finden sind.

Entsprechend der Idee, sich auf die Theorie der Fibonacci-Zahlen zu konzentrieren, sind die durchaus spannenden und interessanten Anwendungen des Goldenen Schnitts, beziehungsweise der Fibonacci-Zahlen in diesem Buch nicht berücksichtigt.

Hierfür sei auf die umfangreiche Literatur verwiesen, wie zum Beispiel auf das Buch von A.Beutelspacher, B.Petri: Der Goldene Schnitt, 1996, Heidelberg, Berlin,Oxford, Spektrum, Akad.Verlag.

Die vorliegenden Betrachtungen sind entstanden aus den Unterrichtsmaterialien für einen ehemaligen Pluskurs Mathematik am Gymnasium Pullach, den ich für mathematisch besonders interessierte Schüler geleitet habe.
Im Rahmen der neugestalteten Oberstufe bietet sich die Thematik an für ein W-Seminar Mathematik in der Oberstufe des Gymnasiums.

Gedacht ist aber das Büchlein aber generell für alle, die sich für reine Mathematik, insbesondere Zahlentheorie interessieren – ob Schüler, Studenten oder Lehrer.

Dementsprechend beschränken sich die Anforderungen an den Leser dieses Werkes im Allgemeinen auf die Schulmathematik, wie sie in der gymnasialen Oberstufe vorausgesetzt wird, insbesondere auf die Kenntnis von Zahlenfolgen und Reihen und die Vertrautheit mit den elementaren algebraischen Grundbegriffen.

G.Lotz-Grütz, im April 2012

Vorwort zur zweiten Auflage

Die zweite Auflage wurde notwendig, da seit dem Erscheinen des Buches ein weiteres Kapitel (V.) zu den bisherigen Ausführungen dazugekommen ist, in dem der Zusammenhang der Fibonacci-Zahlen mit der abc-Vermutung untersucht wird.

Die abc-Vermutung bezieht sich auf teilerfremde, natürliche Zahlentripel (a,b,c), die der Bedingung a + b = c genügen. Die abc-Vermutung untersucht die Frage, welche Zahlentripel die weitere Bedingung, dass ihr Radikal kleiner als die dritte Zahl c ist, erfüllen.

Es zeigt sich, dass je drei aufeinanderfolgende Fibonacci-Zahlen ein abc-Tripel bilden. In dem hinzugekommenen Kapitel wird daher untersucht, welche Aussagen für derartige Fibonacci-abc-Tripel beweisbar sind.

Die Fibonacci-abc-Vermutung besagt, dass es kein Fibonacci-abc-Tripel gibt, dessen Radikal kleiner als die dritte Zahl c ist.

Selbstverständlich ist gleichzeitig mit der Erweiterung dieses Buches versucht worden, Druckfehler und einzelne Ausführungen der ersten Auflage zu verbessern. Insbesondere ist das Kapitel III wesentlich erweitert und neu strukturiert.

Auch wurde die Tabelle der Fibonacci- und Lucas-Zahlen um zwei weitere Tabellen ergänzt, in denen die Primfaktorzerlegungen dieser Zahlen bis zum Index $i = 60$ aufgelistet sind.

Grundsätzlich ist der Anspruch, mit den Mitteln der Schulmathematik auszukommen, auch in der erweiterten Fassung berücksichtigt worden.

G.Lotz-Grütz, im Feb. 2014

Inhalt

I. Über den Zusammenhang von Fibonacci-Zahlen mit dem Verhältnis des Goldenen Schnitts

1. Die Zahl Φ des Goldenen Schnitts.. 10
2. Die quadratische Gleichung für Φ... 13
3. Die Folge $(F_n) = \left(\dfrac{\alpha^n - \beta^n}{\alpha - \beta}\right)$ 17
4. Die rekursive Darstellung der Fibonacci-Folge............................ 20
5. Ein weiterer Zusammenhang der Folgenterme F_n...................... 22
6. Die Konvergenz der Folge $(Q_n) = \left(\dfrac{F_{n+1}}{F_n}\right)$ 24
7. Der Grenzwert der Folge (F_{n+1}/F_n).. 26
8. Anwendung: Näherung der stetigen Teilung einer Strecke......... 32
9. Zusammenfassung I.. 34

II. Über den Zusammenhang von Lucas-Zahlen mit dem Verhältnis des Goldenen Schnitts

1. Die Lucas-Zahlenfolge $(L_n) = \left(\dfrac{\alpha^n + \beta^n}{\alpha + \beta}\right)$ 35
2. Beziehungen zwischen den Lucas-Zahlen................................... 37
3. Beziehungen zwischen den Lucas-Zahlen und den Fibonacci-Zahlen... 39
4. Zerlegung der Fibonacci-Zahlen in eine Lucas-Summe............. 42
5. Konvergenz und Grenzwert der Folge $(R_n) = \left(\dfrac{L_{n+1}}{L_n}\right)$ 46
6. Zusammenfassung II.. 52

III. Über die Teilbarkeit von Fibonacci- und Lucas-Zahlen

1. Fibonacci-Zahlen mit geradzahligem Index: $i = 2n$ 54

2. Fibonacci-Zahlen mit Index $i = 3n$ 57

3. Fibonacci-Zahlen mit einem Index $i = (k+1)n$, $k \in \mathbb{N}$ 67

4. Fibonacci-Zahlen mit einem Index $i = m*n$ 75

5. Anzahl der Fibonacci-Teiler von F_i 82

6. Folgerungen 95

7. Teilbarkeit der Lucas-Zahlen 109

8. Zusammenfassung III 123

IV. Über den Zusammenhang der Fibonacci-Zahlen mit den pythagoreischen Zahlentripeln

1. Pythagoreische Zahlentripel 125

2. Erstellung pythagoreischer Tripel 126

3. Pythagoreische Zahlentripel aus Fibonacci-Zahlen mit primem Index 127

4. Weitere Formeln für pythagoreische Zahlentripel aus Fibonacci- und Lucas-Zahlen 132

5. Zusammenfassung IV 138

V. Über den Zusammenhang der Fibonacci- und Lucas-Zahlen
mit abc-Tripeln

1. Fibonacci-abc-Tripel.. 140

2. Anordnung der Zahlen eines Fibonacci-abc-Tripels................ 142

3. Die sogenannte abc-Vermutung..144

4. Die Fibonacci-abc-Vermutung...146

5. Primzahlpotenzen in Fibonacci-Zahlen....................................153

6. Die Radikale gerader und ungerader Fibonacci-Zahlen..............158
   a. Gerade Fibonacci-Zahlen mit geradzahligem Index (G_g)
   b. Gerade Fibonacci-Zahlen mit ungeradzahligem Index (G_u)
   c. Ungerade Fibonacci-Zahlen mit geradzahligem Index (U_g)
   d. Ungerade Fibonacci-Zahlen mit ungeradzahligem Index (U_u)

7. Folgerungen für die Fibonacci-abc-Tripel............................... 167

8. Zusammenfassung V.. 176

VI. Anhang

1. Tabelle der Fibonacci- und Lucas-Zahlen bis Index 60.............. 178

2. Tabelle der Primfaktorzerlegungen der Fibonacci-Zahlen
   bis Index 60... 180

3. Tabelle der Primfaktorzerlegungen der Lucas-Zahlen
   bis Index 60...182

I. Über den Zusammenhang von Fibonacci-Zahlen mit dem Verhältnis des Goldenen Schnitts Φ

1. Die Zahl Φ des Goldenen Schnitts

Die Teilung einer Strecke nach dem "Goldenen Schnitt" (sectio aurea) ist dadurch gekennzeichnet, dass die kleinere Teilstrecke die größere wieder im Goldenen Schnitt teilt. Daher lässt sich der Vorgang beliebig fortsetzen und man spricht also von stetiger Teilung.

Also: Eine Strecke a wird stetig geteilt im Verhältnis a : t , wenn der größeren Abschnitt t durch den kleineren (a - t) im selben Verhältnis wieder geteilt wird, das heißt, wenn:

$$a : t = t : (a - t) \qquad (1)$$

ist.

Das Verhältnis a : t des Goldenen Schnitts wird mit Φ bezeichnet. Da die Strecke a größer als die Teilstrecke t ist, gilt Φ > 1.

Gleichung (1) lässt sich als quadratische Gleichung für t schreiben,

$$t^2 + at - a^2 = 0 \qquad (1')$$

deren Lösungen

$$t_{1,2} = \frac{-a \pm a*\sqrt{5}}{2} = \frac{a}{2}(-1 \pm \sqrt{5})$$

sind.

Dabei ist wegen a > 0 nur eine Lösung positiv. Für die positive Strecke t ergibt sich damit die gültige Lösung t = t_1:

$$t = \frac{a*(\sqrt{5}-1)}{2}. \qquad (2)$$

Bildet man nun mit (2) den Quotienten a : t, für den definitionsgemäß a : t = Φ gilt, so erhält man eine erste Darstellung für die Zahl Φ:

$$\Phi = \frac{2}{\sqrt{5}-1} = \frac{\sqrt{5}+1}{2}. \qquad (3)$$

Subtrahiert man von dem so bestimmten Φ seinen Kehrwert:

$$\frac{\sqrt{5}+1}{2} - \frac{2}{\sqrt{5}+1} = \frac{\sqrt{5}+1}{2} - \frac{2(\sqrt{5}-1)}{5-1} =$$

$$= \frac{2(\sqrt{5}+1)}{4} - \frac{2(\sqrt{5}-1)}{4} = 1,$$

so ergibt sich:

$$\phi - \frac{1}{\phi} = 1,$$

also für Φ die rekursive Beziehung:

$$\phi = 1 + \frac{1}{\phi}. \qquad (4)$$

Diese Beziehung führt zu der Darstellung von Φ in der Form eines unendlichen Kettenbruchs:

$$\Phi = 1 + \cfrac{1}{1 + \cfrac{1}{1 + \cfrac{1}{1 + \ldots}}} \qquad (4')$$

Die Rekursionsformel (4) gestattet eine beliebig genaue Berechnung der Zahl Φ, indem man mit einem beliebigen Anfangswert $A > 0$ beginnt, mit $1 + 1/A = B$ den ersten Wert berechnet, mit $1 + 1/B = C$ den nächsten, usf.

Unabhängig vom positiven Anfangswert erhält man nach 24 Schritten den Näherungswert 1,618033988 für Φ, der bis zur 9.Stelle richtig ist, und nach 33 Schritten den Wert:

$$\Phi \approx 1{,}618033988749895 \qquad (5)$$

Aus (3) lässt sich $\sqrt{5}$ durch die Zahl Φ darstellen. So erhält man:

$$\sqrt{5} = 2\Phi - 1, \qquad (5')$$

beziehungsweise, wenn mit (4) die rechte Seite umgeschrieben wird:

$$\phi + \phi - 1 = 1 + \frac{1}{\phi} + \phi - 1,$$

auch:

$$\sqrt{5} = \phi + \frac{1}{\phi}. \qquad (5'')$$

Die Gleichheit der rechten Seiten von (5') und (5"):

$$(2\phi - 1)\phi = \phi^2 + 1$$

führt schließlich zur quadratischen Gleichung für Φ:

$$\Phi^2 - \Phi - 1 = 0. \qquad (6)$$

2. Die quadratische Gleichung für Φ

Die quadratische Gleichung für Φ erhält man also aus (5') und (5") oder auch direkt aus (4) durch beidseitige Multiplikation mit Φ.

Die positive Lösung Φ von (6) ist demnach das Verhältnis a : t des Goldenen Schnitts.

Die Gleichung (6)

$$\Phi^2 - \Phi - 1 = 0$$

ist eine spezielle Form der allgemeinen quadratischen Gleichung:

$$x^2 + px + q = 0,$$

mit $p = q = -1$:

$$x^2 - x - 1 = 0, \qquad (6')$$

für deren reelle Lösungen x_1 und x_2 mit

$$p = -(x_1 + x_2), \quad q = x_1 x_2 \qquad \text{(Satz von Vieta)}$$

gilt:

$$x_{1,2} = \frac{1}{2} * (1 \pm \sqrt{5}).$$

Die beiden Lösungen $x_{1,2}$ seien im folgenden α und β genannt, wobei α die positive und β die negative Lösung sein soll.

Damit ergibt sich für α beziehungsweise β:

$$\alpha = \Phi = \frac{\sqrt{5}+1}{2}, \tag{7}$$

$$\beta = \frac{-1}{\phi} = \frac{1-\sqrt{5}}{2}, \tag{7'}$$

mit $(1+\sqrt{5})(1-\sqrt{5}) = -4$ wird:

$$\alpha\beta = -1 \tag{8}$$

und mit (4):
$$\alpha + \beta = \phi - \frac{1}{\phi} = 1, \tag{8'}$$

mit (5'):
$$\alpha - \beta = \phi + \frac{1}{\phi} = \sqrt{5}. \tag{8''}$$

Für jede Lösung x von (6') gilt damit die Beziehung (4), das heißt:

$$\alpha = 1 + \frac{1}{\alpha} \tag{9}$$

$$\beta = 1 + \frac{1}{\beta}. \tag{9'}$$

Wegen (9) gelten die Beziehungen (8) auch für $1 + 1/\alpha$ und $1 + 1/\beta$. Denn es ist:

$\alpha\beta = (1 + 1/\alpha)(1 + 1/\beta) = 1 + 1/\beta + 1/\alpha + 1/(\alpha\beta) = -1$,

$\alpha + \beta = 1 + 1/\alpha + 1 + 1/\beta = 2 + (\beta + \alpha)/(\alpha\beta) = 2 + 1/(-1) = 1$,

wie (8') und

$\alpha - \beta = 1 + 1/\alpha - 1 - 1/\beta = (\beta - \alpha)/(\alpha\beta) = \dfrac{-\sqrt{5}}{(-1)} = \sqrt{5}$,

wie (8'').

Anmerkung:

Die geometrische Konstruktion des Goldenen Schnitts:

Eine einfache Konstruktion der Teilung einer Strecke a nach dem Goldenen Schnitt lässt sich folgendermaßen durchführen:

- Anzutragen ist die verdoppelte Strecke $\overline{AB}$ = 2a;
- in deren Mittelpunkt M ist ein Lot zu errichten,
- auf diesem Lot ist von M aus die Strecke a abzutragen.

Den so erhaltenen Endpunkt E auf dem Lot verbindet man mit dem Mittelpunkt C von $\overline{AM}$.

Um C wird ein Kreis mit Radius $\overline{CE}$ gezogen. Die Kreislinie K(C; r = $\overline{CE}$) schneidet $\overline{AB}$ im Schnittpunkt S.

S teilt dann $\overline{MB}$ = a im Verhältnis des Goldenen Schnitts.

Denn es ist (Pythagoras im Dreieck ECM):

$$\overline{EC} = \frac{a}{2}\sqrt{5}, \text{ somit } \overline{MS} = \frac{a}{2}\sqrt{5} - \frac{a}{2}.$$

Also teilt S die Strecke $\overline{MB}$ = a im Verhältnis

$$\frac{a}{\overline{MS}} = \frac{2a}{a\sqrt{5}-a} = \frac{\sqrt{5}+1}{2} = \Phi.$$

Die Konstruktion des Goldenen Schnitts gestattet weiter die Konstruktion des regelmäßigen Zehnecks, sowie daraus die des regelmäßigen Fünfecks.

Denn es gilt: Die Zehnecksseite t teilt den Umkreisradius a des Zehnecks im Verhältnis des Goldenen Schnitts.

Beweis: Verbindet man die zehn Eckpunkte jeweils mit dem Umkreismittelpunkt, so erhält man zehn kongruente gleichschenklige Dreiecke.
Jedes solche Dreieck hat als Basis die Zehnecksseite t, als Schenkellänge den Umkreisradius a.
Der Winkel an der Spitze, also am Umkreismittelpunkt, beträgt jeweils 360°/10 = 36°, die Basiswinkel demnach je 72°.

Konstruiert man in einem solchen Dreieck die Winkelhalbierende eines Basiswinkels, so entstehen zwei Teildreiecke, die ihrerseits wieder gleichschenklig sind.
Denn beide Teildreiecke haben dann zwei gleiche Winkel, die als Basiswinkel fungieren, das kleinere Teildreieck hat die Basiswinkel 72°, das größere Teildreieck die Basiswinkel 36°.

Die Schenkellänge ist demnach bei beiden Teildreiecken genau die Zehnecksseite t.
Das kleinere Teildreieck mit den Basiswinkeln 72° ist wegen der Gleichheit der Winkel zum ursprünglichen Dreieck ähnlich.

Daher gilt die Verhältnisgleichung (1) a : t = t : (a-t) für den Umkreisradius a und die Zehnecksseite t, wzbw.

Somit lässt sich über dem Durchmesser 2a des Umkreises mit oben beschriebener Konstruktion die Zehnecksseite bestimmen und das

Zehneck konstruieren.

Darüber hinaus lässt sich zeigen: die Diagonalen eines Fünfecks teilen sich im Goldenen Schnitt.

Genauere Ausführungen hierzu siehe: Beutelspacher, Petri: Der Goldene Schnitt, 1996, Heidelberg, Berlin, Oxford; Spektrum Akad.Verlag.

3. Die Folge $(F_n) = \left(\dfrac{\alpha^n - \beta^n}{\alpha - \beta} \right)$

Untersucht wird nun für $n \in \mathbb{N}$. die Folge mit den Termen

$$F_n = \frac{\alpha^n - \beta^n}{\alpha - \beta}. \qquad (10)$$

Mit (8") $\alpha - \beta = \sqrt{5}$ lässt sich (10) auch

$$F_n = \frac{\alpha^n - \beta^n}{\sqrt{5}} \qquad (10')$$

schreiben.

Ersetzt man im allgemeinen Folgenterm (10) $F_n = \dfrac{\alpha^n - \beta^n}{\alpha - \beta}$ die Größen α und β durch Φ gemäß (7), so erhält man den folgenden Ausdruck:

$$F_n = \frac{\phi^n - \dfrac{(-1)^n}{\phi^n}}{\phi + \dfrac{1}{\phi}} = \frac{\phi^{2n} - (-1)^n}{\phi^{(n+1)} + \phi^{(n-1)}}. \qquad (11)$$

Ersetzt man andrerseits in (10) die Größen α und β durch ihre Zahlenwerte gemäß (7), so lässt sich F_n ausdrücken durch:

$$F_n = \frac{1}{2^n * \sqrt{5}} * [(\sqrt{5}+1)^n - (1-\sqrt{5})^n]. \tag{12}$$

An den bisherigen Darstellungen ist nicht ohne Weiteres ersichtlich, dass alle Terme F_n natürliche Zahlen sind.

Die Tatsache, dass die ersten vier Folgenterme F_1 bis F_4 natürliche Zahlen sind, lässt sich leicht nachrechnen:

Man dividiert in (10) $F_n = \dfrac{\alpha^n - \beta^n}{\alpha - \beta}$ nach den Regeln der Polynomdivision den Zähler durch den Nenner und ersetzt $\alpha + \beta$ gemäß (8') durch $\alpha + \beta = 1$.

Damit wird:

$F_1 = 1$,

$F_2 = \alpha + \beta = 1$,

$F_3 = \alpha^2 + \alpha\beta + \beta^2 = (\alpha + \beta)^2 - \alpha\beta = 2$,

$F_4 = \alpha^3 + \alpha^2\beta + \alpha\beta^2 + \beta^3 =$
$= (\alpha + \beta)^3 - 2\alpha^2\beta - 2\alpha\beta^2 = 1 + 2 = 3$.

Allgemein erhält man aus (10) durch Polynomdivision für F_{n+1} mit $n \in N$, also ab F_2:

$$F_{n+1} = \alpha^n + \alpha^{n-1}\beta + \alpha^{n-2}\beta^2 + \ldots + \alpha\beta^{n-1} + \beta^n, \tag{13}$$

wobei natürlich alle vorkommenden Exponenten größer, höchstens gleich Null sind.

In Summenschreibweise lässt sich die Beziehung (13) vereinfacht folgendermaßen schreiben:

$$F_{n+1} = \sum_{i=0}^{n} \alpha^{n-i} \beta^{i} \quad \text{mit} \quad n \in N. \tag{13'}$$

Anmerkung:

Die Summenschreibweise ist eine Abkürzung für eine Summe, deren Terme sich mit einer natürlichen Zahl i zählen lassen.
Somit bedeutet die Schreibweise in (13'): Der Ausdruck $\alpha^{n-i} \beta^{i}$ wird summiert von i = 0 bis i = n.
Damit wird der erste Term (für i = 0) zu $\alpha^{n-0} \beta^{0} = \alpha^{n}$, der zweite zu $\alpha^{n-1} \beta^{1}$, bis für i = n der letzte Term β^{n} wird. Damit ist (13) durch (13') beschrieben.

Mit (13), bzw. (13') lassen sich im Prinzip sämtliche Folgenterme F_n berechnen:

So erhält man für n = 4:

$$F_5 = \alpha^4 + \alpha^3\beta + \alpha^2 \beta^2 + \alpha\beta^3 + \beta^4 = 5.$$

Dies lässt sich durch geeignetes Zusammenfassen nachrechnen, zum Beispiel folgendermaßen:

$$\begin{aligned}
\alpha^4 + \alpha^3\beta + \alpha^2 \beta^2 + \alpha\beta^3 + \beta^4 &= \\
= \alpha^3(\alpha + \beta) + \beta^3(\alpha + \beta) + \alpha^2 \beta^2 &= \\
= \alpha^3 + \beta^3 + 1 &= \\
= (\alpha + \beta)^3 - 3\alpha^2\beta - 3\alpha\beta^2 + 1 &= \\
= 1 - 3\alpha\beta(\alpha + \beta) + 1 &= \\
= 1 + 3 + 1 = 5.
\end{aligned}$$

Durch analoge Rechnung erhält man $F_6 = 8$.

Aus den Ergebnissen für die ersten Folgenterme lässt sich ein allgemeines Bildungsgesetz finden, das die Berechnung erheblich vereinfacht:

Betrachtet man nämlich die ersten 6 wie oben berechneten Terme:

$$1; \ 1; \ 2; \ 3; \ 5; \ 8,$$

so erkennt man:
$$F_3 = F_2 + F_1,$$
$$F_4 = F_3 + F_2,$$
$$F_5 = F_4 + F_3,$$
$$F_6 = F_5 + F_4.$$

Als allgemeine Gesetzmäßigkeit lässt sich vermuten, dass die Summe zweier aufeinanderfolgender Terme den jeweils nächsten Folgenterm ergibt.

4. Die rekursive Definition der Fibonacci-Folge

Satz: *Die Folge* $(F_n) = \left(\dfrac{\alpha^n - \beta^n}{\alpha - \beta} \right)$ *genügt für* $n > 1$ *der rekursiven Beziehung*

$$F_{n+1} = F_n + F_{n-1}, \qquad (14)$$

wobei $F_1 = F_2 = 1$ *gilt.*

Dies lässt sich allgemein beweisen, indem man den Folgenterm (10) benutzt und die Summe für n und n -1 (n > 1) ausrechnet:

$$F_n + F_{n-1} = \frac{\alpha^n - \beta^n}{\alpha - \beta} + \frac{\alpha^{(n-1)} - \beta^{(n-1)}}{\alpha - \beta} =$$

$$= \frac{1}{\sqrt{5}} * \left(\alpha^n - \beta^n + \alpha^{(n-1)} - \beta^{(n-1)}\right) =$$

$$= \frac{\alpha^n(1+\frac{1}{\alpha}) - \beta^n(1+\frac{1}{\beta})}{\sqrt{5}} = \text{(mit (9))}$$

$$= \frac{\alpha^{(n+1)} - \beta^{(n+1)}}{\alpha - \beta} = F_{n+1} \quad \text{wzbw.}$$

Dabei sind gemäß (7) die Zahlen $\alpha = \Phi$, $\beta = \frac{-1}{\phi}$ irrationale Zahlen.

Da die Summe natürlicher Zahlen stets wieder eine natürliche Zahl ergibt, gilt mit der rekursiven Beziehung (14) für die Fibonacci-Zahlen und der berechneten Werte für die Terme F_n gemäß (11):

Alle Terme der Folge $(F_n) = \left(\frac{\alpha^n - \beta^n}{\alpha - \beta}\right)$ sind natürliche Zahlen und identisch mit den durch (14) definierten Fibonacci-Zahlen.

Die Fibonacci-Zahlenfolge ist also eine Folge natürlicher Zahlen und es sind alle Darstellungen von F_n, also auch (11) und (12), Darstellungen natürlicher Zahlen mittels algebraischer Verknüpfungen irrationaler Zahlen.

Mit (14)
$$F_1 = 1, \quad F_2 = 1, \quad F_{n+1} = F_n + F_{n-1}$$

erhält man also ab n = 2 die jeweils nachfolgende Zahl der Fibonacci-Folge aus der Summe der beiden vorangegangenen Folgenterme.

Für n > 1 ist jeder Folgenterm größer als der Vorgänger, die Folge *(Fₙ)* also streng monoton wachsend. Eine Schranke existiert nicht, die Folge ist divergent.

Anmerkung:

Die Rekursionsformel (14) gestattet die Computerberechnung der Fibonacci-Zahlen mit einem einfachen Programm.

Im Anhang, Tabelle 1 sind die so berechneten Fibonacci-Zahlen bis
$$F_{60} = 1\,548\,008\,755\,920$$
abgedruckt.

Die ersten 15 Terme der Fibonacci-Folge sind:

1; 1; 2; 3; 5; 8; 13; 21; 34; 55; 89; 144; 233; 377; 610.

5. Ein weiterer Zusammenhang der Folgenterme F_n

Für die Fibonacci-Zahlen gilt folgender Sachverhalt:

Das Quadrat der n-ten Fibonacci-Zahl ist für ungerades n um 1 größer ist als das Produkt aus Vorgänger und Nachfolger.
Für geradzahliges n ist das Quadrat der n-ten Fibonacci-Zahl um 1 kleiner als das Produkt aus Vorgänger und Nachfolger.

Dazu einige Zahlenbeispiele (vgl.Tabelle 1, Anhang):

n = 5: $F_5^2 - F_6 F_4$ = $5^2 - 8*3$ = 1.

n = 6: $F_6^2 - F_7 F_5$ = $8^2 - 13*5$ = -1.

n = 21: $\quad F_{21}^2 - F_{22} F_{20} \quad = \quad 10946^2 - 17711*6765 =$
$\quad\quad\quad\quad\quad\quad\quad\quad\quad = \quad 119\,814\,916 - 119\,814\,915 = 1.$
n = 24: $\quad F_{24}^2 - F_{23} F_{25} \quad = \quad 46368^2 - 28657*75025 =$
$\quad\quad\quad\quad\quad\quad\quad\quad\quad = 2\,149\,991\,424 - 2\,149\,991\,425 = -1.$

Die Behauptung lässt sich also wie folgt formulieren:

Satz: *Die Differenz zwischen dem Quadrat der n-ten Fibonacci-Zahl (n >1) und dem Produkt der beiden Nachbarzahlen hat den Wert $(-1)^{n-1}$, d.h:*

$$F_n^2 - F_{n+1} F_{n-1} = (-1)^{n-1}, \quad (n > 1). \quad (15)$$

Der Satz wird durch Ausrechnen der linken Seite mittels der Darstellung des allgemeinen Folgenterms (10) bewiesen:

$$\frac{(\alpha^n - \beta^n)^2}{(\alpha-\beta)^2} - \frac{(\alpha^{(n-1)} - \beta^{(n-1)}) * (\alpha^{(n+1)} - \beta^{(n+1)})}{(\alpha-\beta)^2} =$$

$$= \frac{[\alpha^{2n} + \beta^{2n} - 2\alpha^n \beta^n - (\alpha^{2n} + \beta^{2n} - \alpha^{(n+1)} \beta^{(n-1)} - \alpha^{(n-1)} \beta^{(n+1)})]}{(\alpha-\beta)^2} =$$

$$= \frac{1}{(\alpha-\beta)^2} * [-2\alpha^n \beta^n + \alpha^n \beta^n (\frac{\alpha}{\beta} + \frac{\beta}{\alpha})] =$$

$$= \frac{(\alpha\beta)^{(n-1)} * [-2\alpha\beta + \alpha^2 + \beta^2]}{(\alpha-\beta)^2} = (-1)^{(n-1)},$$

da $\alpha\beta = -1$ (8) ist, wzbw.

Aus (15) ergibt sich damit für jedes n > 1:

$$\left| F_n^2 - F_{n-1} * F_{n+1} \right| = 1. \tag{16}$$

Der Unterschied zwischen dem Quadrat einer Fibonacci-Zahl und dem Produkt aus Vorgänger und Nachfolger ist dem Betrage nach 1.

6. Die Konvergenz der Folge $(Q_n) = (\frac{F_{n+1}}{F_n})$

Bildet man der Reihe nach die Quotienten aus einer Fibonacci-Zahl und ihrem Vorgänger, so erhält man die Folge $(Q_n) = (\frac{F_{n+1}}{F_n})$, deren Terme rationale Zahlen sind. Das Verhalten dieser rationale Zahlenfolge soll nun untersucht werden.

Dazu betrachtet man die ersten Terme der Folge (Q_n):

$$Q_1 = \frac{F_2}{F_1} = 1;$$

$$Q_2 = \frac{F_3}{F_2} = 2;$$

$$Q_3 = \frac{F_4}{F_3} = 1{,}5;$$

$$Q_4 = \frac{F_5}{F_4} = \frac{5}{3} = 1{,}\overline{6};$$

$$Q_5 = \frac{F_6}{F_5} = \frac{8}{5} = 1{,}6;$$

usf.

Die Folge (Q_n) ist beschränkt, da für n > 2 stets $\dfrac{F_{n+1}}{F_n} > 1$,

somit: $1 < \dfrac{F_{n+1}}{F_n} = \dfrac{F_n + F_{n-1}}{F_n} = 1 + \dfrac{F_{n-1}}{F_n} < 2$ gilt, also

ist für alle $n \in N, n > 2$:

$$1 < Q_n < 2.$$

Für n = 1 ist $Q_1 = 1$, für n = 2 ist $Q_2 = 2$ (s.o.).

Die Folge (Q_n) ist nicht monoton, vielmehr erkennt man, dass der Nachfolger eines Terms abwechselnd größer, beziehungsweise kleiner als dieser ist.

Es gilt nämlich mit (15):

$$Q_{n+1} - Q_n = \frac{F_{n+2}}{F_{n+1}} - \frac{F_{n+1}}{F_n} = \frac{F_{n+2} * F_n - F_{n+1}^2}{F_{n+1} * F_n} = \frac{(-1)^n}{F_{n+1} * F_n},$$

(17)

so dass der Wert der Differenz aufeinanderfolgender Terme alternierend das Vorzeichen wechselt.

Es soll nun gezeigt werden, dass die Folge $(Q_n) = \left(\dfrac{F_{n+1}}{F_n}\right)$ konvergent ist, also einen Grenzwert Q hat.

Behauptet wird also:

$$(Q_n) = \left(\frac{F_{n+1}}{F_n}\right) \to Q \quad \text{wenn} \quad n \to \infty. \qquad (18)$$

Zum Beweis bildet man in (17) den Absolutbetrag der Differenz

$$|Q_{n+1} - Q_n| = \frac{1}{F_{n+1} * F_n}.$$

Da für alle $n \in N$, $n > 5$ die Anordnung

A: $\quad n < F_n < F_{n+1} \quad$ gilt,

ist auch

n*A: $\quad n^2 < nF_n < nF_{n+1}$

und

F_n*A: $\quad F_n n < F_n^2 < F_n F_{n+1} \quad$ richtig,

und somit ist:

$$n^2 < F_n^2 < F_n F_{n+1}.$$

Daraus folgt:

$$\frac{1}{F_{n+1}*F_n} < \frac{1}{n^2}.$$

Damit lässt sich der Absolutbetrag $\left|Q_{n+1} - Q_n\right|$ für n > 5 abschätzen:

$$\left|Q_{n+1} - Q_n\right| = \frac{1}{F_{n+1}*F_n} < \frac{1}{n^2} < \varepsilon.$$

Diese Beziehung erfüllt das Cauchy-Konvergenzkriterium und somit ist die Konvergenz der Folge (Q_n) gezeigt.

7. Der Grenzwert der Folge $(Q_n) = (\frac{F_{n+1}}{F_n})$

Aus der Beschränktheit der Folge (Q_n) ist klar, dass der Grenzwert Q zwischen 1 und 2 liegen muss, also 1 < Q < 2 gilt.

Untersucht man die Terme der Folge (Q_n), so zeigt sich, dass sie sich abwechselnd von unten, bzw. von oben schnell einem stabilen Wert annähern. Bereits aus den ersten (oben bestimmten) Werte der Folge (Q_n):

$Q_1 = 1$, $Q_2 = 2$, $Q_3 = 1,5$, $Q_4 = 5/3 = 1,666....$, $Q_5 = 1,6$

lässt sich erkennen, dass für den gesuchten Grenzwert Q gilt:

$Q_3 < Q < Q_4$, $Q_5 < Q < Q_4$, also: $1,6 < Q < 1,666....$

Ab $Q_{38} = 1,618033988749895$ (vgl.Tabelle 1, Anhang) ändern sich die Werte nur noch nach der 15.Stelle hinter dem Komma. Der Wert Q_{38} stimmt in den ersten 15 Nachkommastellen mit dem Wert von Φ überein, vgl.(5).

Behauptet wird nun, dass der Grenzwert Q der Folge (Q_n) die Zahl Φ ist.

<u>Satz:</u> *Die Folge* $(Q_n) = (\frac{F_{n+1}}{F_n})$ *des Quotienten zweier aufeinanderfolgender Fibonacci-Zahlen konvergiert gegen das Verhältnis Φ des Goldenen Schnitts:*

$$(Q_n) = (\frac{F_{n+1}}{F_n}) \to Q = \Phi. \qquad (19)$$

Beweis:

Wegen (11) gilt:

$$\frac{F_{n+1}}{F_n} = \frac{\phi^{n+1} - \frac{(-1)^{n+1}}{\phi^{n+1}}}{\phi^n - \frac{(-1)^n}{\phi^n}} = \frac{\phi^{n+1}}{\phi^n - \frac{(-1)^n}{\phi^n}} - \frac{\frac{(-1)^{n+1}}{\phi^{n+1}}}{\phi^n - \frac{(-1)^n}{\phi^n}} =$$

$$= A_n - B_n. \qquad (20)$$

Damit ist der Grenzwert der konvergenten Folge

$$(Q_n) = (A_n - B_n)$$

für $n \to \infty$ zu untersuchen.

Aus $(A_n) \to A$ und $(B_n) \to B \Rightarrow (A_n + B_n) \to A + B$.

Daher werden die Folgen (A_n) und (B_n) gesondert betrachtet:

Klammert man in A_n die Zahl Φ aus und kürzt den verbleibenden Bruch um Φ^n, so wird:

$$A_n = \phi * \frac{1}{1 - \frac{(-1)^n}{\phi^{2n}}} .$$

Da für die konstante Basis $\Phi > 1$ (vgl.(5)) mit wachsendem Exponenten n, also für $n \to \infty$ gilt: $\phi^n \to \infty$, somit $\frac{1}{\phi^{2n}} \to 0$, bzw. $\frac{(-1)^n}{\phi^{2n}}$ eine alternierende Nullfolge ist, konvergiert die Folge (A_n) für $n \to \infty$ gegen die Zahl Φ:

$$(A_n) \to \phi.$$

Die Behauptung ist bewiesen, wenn gezeigt ist, dass $(B_n) \to 0$ konvergiert für $n \to \infty$.

Um zu zeigen, dass (B_n) eine alternierende Nullfolge darstellt, formt man den zweiten Doppelbruch in (20) um und erhält so:

$$B_n = \frac{(-1)^{n+1}}{\varphi^{n+1}} * \frac{1}{\varphi^n - \frac{(-1)^n}{\varphi^n}} = \frac{(-1)^{n+1}}{\varphi(\varphi^{2n} - (-1)^n)} =$$

$$= \frac{(-1)^{n+1}}{\varphi} * \frac{1}{(\varphi^{2n} - (-1)^n)} = \frac{(-1)^{n+1}}{\varphi} * C_n.$$

Nun stellt die durch den letzten Term des Ausdrucks B_n definierte Folge (C_n) eine Nullfolge dar,

wenn (für n > 2) gilt: $\quad C_n = \dfrac{1}{\varphi^{2n} - (-1)^n} < \dfrac{1}{\varphi^n}$.

Die Gültigkeit dieser Beziehung ist durch eine einfache Abschätzung des Nenners von C_n erkennbar.
Es ist nämlich für alle n stets:

$$\varphi^{2n} - (-1)^n \geq \varphi^{2n} - 1.$$

Da $\quad \varphi^{2n} - 1 = (\varphi^n - 1)(\varphi^n + 1) \quad$ ist und für alle n ab n > 2 $\varphi^n - 1 > 1$ ist, lässt sich $\varphi^{2n} - 1$ weiter abschätzen:

$$\varphi^{2n} - 1 > \varphi^n + 1 > \varphi^n, \text{ somit gilt für n > 2:}$$

$$C_n < \frac{1}{\varphi^n}.$$

Da für alle $\quad n \in N \quad$ jeder Folgenterm $C_n > 0$ ist und für $n \to \infty$ gilt: $\quad \dfrac{1}{\varphi^n} \to 0$, gilt auch:

$$0 < C_n < \frac{1}{\varphi^n} \to 0.$$

Damit ist gezeigt, dass (B_n) mit $B_n = \dfrac{(-1)^{n+1}}{\varphi} * C_n$ eine alternierende Nullfolge ist.

Somit ist also für $n \to \infty$

$$Q = \lim Q_n = \lim A_n - \lim B_n = \phi - 0,$$

wzbw.

Die Tatsache, dass (B_n) eine alternierende Nullfolge ist, wobei die Terme B_n entsprechend dem Faktor $(-1)^{n+1}$ für ungerades n positiv, für gerades n negativ sind, hat zur Folge, dass der Grenzwert Q alternierend von oben und unten angestrebt wird.

Da $Q_n = A_n - B_n$ ist, sind offensichtlich die Folgenterme für ungerades n kleiner, für gerades n größer als Q, in Übereinstimmung mit dem am Anfang des Abschnitts beschriebenen Sachverhalt.

$$Q_1 = \frac{F_2}{F_1} = 1 \; < \; \Phi \; < \; Q_2 = \frac{F_3}{F_2} = 2$$

$Q_3 < \Phi < Q_4,$ $Q_5 < \Phi < Q_4$, also: $1{,}6 < \Phi < 1{,}666......$

Die alternierende Annäherung der einzelnen Folgeterme Q_n an Φ ist auch an den tabellierten Werten zu sehen (vgl.Tabelle 1, Anhang) und soll nochmals im Beispiel dargestellt werden:

Beispiel:

$$Q_{13} = \frac{F_{14}}{F_{13}} = 1{,}618025.... \; <$$

$$< \quad \Phi \; \approx \; 1{,}618033... \; <$$

$$< \; Q_{14} = \frac{F_{15}}{F_{14}} = 1{,}618037...$$

usf.

Es gilt also:

Der Grenzwert Q der rationalen Zahlenfolge $(Q_n) = \left(\dfrac{F_{n+1}}{F_n}\right)$ ist die irrationale Zahl Φ des Goldenen Schnitts.

Anmerkung:

Unter Benutzung des Grenzwerts $\dfrac{F_{n+1}}{F_n} \to \phi$ für $n \to \infty$ und der rekursiven Definition der Fibonacci-Zahlen kommt man wieder zur quadratischen Gleichung für Φ zurück.

Quadriert man nämlich die Grundbeziehung der Fibonacci-Zahlen (14): $F_{n+1} = F_n + F_{n-1}$, so erhält man:

$$F_{n+1}^2 = F_n^2 + 2F_n F_{n-1} + F_{n-1}^2.$$

Division durch F_n^2 ergibt:

$$\frac{F_{n+1}^2}{F_n^2} = 1 + 2\frac{F_{n-1}}{F_n} + \frac{F_{n-1}^2}{F_n^2}.$$

Betrachtet jetzt man diesen Ausdruck für $n \to \infty$, so konvergiert der erste Term gegen Φ^2, die beiden letzten Terme aber gegen 2/Φ, bzw. gegen 1/Φ².

Damit wird der Ausdruck zu:

$$\phi^2 = 1 + \frac{2}{\phi} + \frac{1}{\phi^2}.$$

Diese Beziehung ist für $\phi = 1 + \dfrac{1}{\phi}$ (4) identisch erfüllt, da

$$\left(1+\dfrac{1}{\phi}\right)^2 = 1 + \dfrac{2}{\phi} + \dfrac{1}{\phi^2}$$

ist.

Beziehung (4) ist aber mit der quadratischen Gleichung (6) identisch.

8. Anwendung: Näherung der stetigen Teilung einer Strecke

Die Konvergenz der Folge (F_{n+1}/F_n) gestattet, eine einfache Näherung der stetigen Teilung einer Strecke durchzuführen.

Für genügend großes n gilt nämlich:

$$\dfrac{a}{t} \approx \dfrac{F_{n+1}}{F_n}, \qquad (21)$$

wobei a : t nach Gleichung (1) das Teilverhältnis der stetigen Teilung ist.

Wählt man also als Streckenlängen die Zahlenwerte aufeinanderfolgender Fibonacci-Zahlen F_{n+1} und F_n, beziehungsweise davon beliebige reelle Vielfache rF_{n+1} und rF_n, so lassen sich mit diesen Zahlenwerten die Streckenlängen a und t der stetigen Teilung herstellen.

Beispiel:

Für n = 14 ist F_{14} = 377, F_{15} = 610. Wähle die Strecke a = 6,1 cm. a wird näherungsweise stetig geteilt, wenn der größere Abschnitt t = 3,77 cm misst.

Für a = 6,10 cm und t = 3,77 cm ist das Verhältnis

$$F_{15}/F_{14} = 1,618037135$$

und stimmt bis auf die fünfte Nachkommastelle mit Φ überein.

Dementsprechend wird dieselbe Näherung für beispielsweise a = 12,2 cm und t = 7,54 cm erreicht.

Sucht man zu andererseits zu einer gegebenen Strecke, zum Beispiele für a = 10 cm die Teilstrecke t, die mit derselben Genauigkeit a im Verhältnis des Goldenen Schnitts teilt, ergibt sich aus (21) mit F_{14} = 377 und F_{15} = 610 für t der Zahlenwert:

$$t = \frac{aF_n}{F_{n+1}} = 6,180327869.$$

Praktisch brauchbar wäre in diesem Beispiel a = 100 cm, t = 61,8 cm, wobei dann a:t mit Φ bis zur dritten Nachkommastelle übereinstimmt.

Anmerkung:

Die exakte Konstruktion des Goldenen Schnitts ist in der Anmerkung zu Abschnitt 2. beschrieben.

9. Zusammenfassung zu I:

Für die Zahl Φ *des Goldenen Schnitts gilt:*

$$\phi = 1 + \frac{1}{\phi} \tag{4}$$

$$\Phi = \frac{2}{\sqrt{5}-1} = \frac{\sqrt{5}+1}{2} \tag{3}$$

$$\Phi = 1{,}618033988749895... \tag{5}$$

Die Zahlenfolge:

$$(F_n) = \left(\frac{\alpha^n - \beta^n}{\sqrt{5}}\right) \tag{10'}$$

mit (7): $\alpha = \Phi, \quad \beta = \dfrac{-1}{\phi}$

ist die natürliche Folge der Fibonacci-Zahlen.

Rekursive Definition der Fibonacci-Zahlen:

$$F_1 = 1, \quad F_2 = 1, \quad F_{n+1} = F_n + F_{n-1} \tag{14}$$

Die Fibonacci-Zahlen erfüllen folgende Beziehung:

$$F_n^2 - F_{n+1} F_{n-1} = (-1)^{n-1}, \quad (n > 1) \tag{15}$$

Der Quotient (F_{n+1}/F_n), *also die rationale Zahlenfolge* (Q_n) *konvergiert für* $n \to \infty$ *gegen* Φ:

$$n \to \infty : \quad Q_n = \frac{F_{n+1}}{F_n} \to Q = \Phi. \tag{19}$$

II. Über den Zusammenhang von Lucas-Zahlen mit dem Verhältnis des Goldenen Schnitts Φ

1. Die Lucas-Zahlenfolge $(L_n) = (\dfrac{\alpha^n + \beta^n}{\alpha + \beta})$

Ersetzt man im allgemeinen Term der Fibonacci-Folge I(10) die Differenzen durch Summen, so lässt sich eine neue Zahlenfolge definieren, mit dem allgemeinen Term

$$L_n = \dfrac{\alpha^n + \beta^n}{\alpha + \beta} = \alpha^n + \beta^n, \qquad (1)$$

wobei α und β die Beziehungen I(7) und I(8) erfüllen, also insbesondere $\alpha + \beta = 1$ und $\alpha\beta = -1$ gilt.

Damit ergibt die Berechnung der ersten Folgenterme:

$L_1 = 1$
$L_2 = \alpha^2 + \beta^2 = (\alpha + \beta)^2 - 2\alpha\beta\ \ = 1 - 2(-1) = 3$
$L_3 = \alpha^3 + \beta^3 = (\alpha + \beta)^3 - 3\alpha^2\beta - 3\alpha\beta^2 =$
$\qquad = 1 - 3\alpha\beta(\alpha + \beta) = 4$
$L_4 = \alpha^4 + \beta^4 = (\alpha + \beta)^4 - 4\alpha^3\beta - 6\alpha^2\beta^2 - 4\alpha\beta^3 =$
$\qquad = 1 - 4\alpha\beta(\alpha^2 + \beta^2) - 6 = 7$

Aus den Binomen $(\alpha + \beta)^n$ sind also jeweils alle gemischten Terme abzuziehen und diese mit Hilfe der Beziehung I(8): $\alpha\beta = -1$ auszuwerten.

Die Berechnung der weiteren Zahlen der sogenannten Lucas-Folge lässt sich leichter fortsetzen, wenn man benutzt, dass die Folgenterme zu $L_n = \alpha^n + \beta^n$ für n > 1 die analoge rekursive Beziehung erfüllen, wie sie für die Fibonacci-Zahlen I(14) gilt, nämlich:

$$L_{n+1} = L_n + L_{n-1} \quad \text{mit} \quad L_1 = 1 \text{ und } L_2 = 3 \tag{2}$$

Dies lässt sich leicht bestätigen, indem man allgemein mithilfe der Definition (1) die rechte Seite berechnet und so folgenden Ausdruck erhält:

$$L_n + L_{n-1} = \alpha^n + \beta^n + \alpha^{n-1} + \beta^{n-1} = \alpha^n * (1 + \frac{1}{\alpha}) + \beta^n * (1 + \frac{1}{\beta})$$

was mit I(9): $\quad \alpha = 1 + \dfrac{1}{\alpha} \; , \; \beta = 1 + \dfrac{1}{\beta} \quad$ genau

$$\alpha^{n+1} + \beta^{n+1} = L_{n+1}$$

ergibt.

Damit erhält man also die Zahlen der Lucas-Folge wie bei der Fibonacci-Folge jeweils aus der Summe der beiden vorangehenden Zahlen, wobei die ersten Folgenterme diesmal 1 und 3 sind.

Die Lucas-Folge beginnt also wie folgt (s.Anhang: Tabelle 1):

1; 3; 4; 7; 11; 18; 29; 47; 76; 123; 199; ... .

Wie die Fibonacci-Folge ist die Lucas-Folge monoton wachsend und nicht beschränkt.

Die Lucas-Zahlen lassen sich wieder explizit durch die Zahl Φ des Goldenen Schnitts darstellen:
Ersetzt man im allgemeinen Folgenterm (1) $\quad L_n = \dfrac{\alpha^n + \beta^n}{\alpha + \beta} \quad$ die Größen α und β durch Φ gemäß I(7), so erhält man:

$$L_n = \varphi^n + \frac{(-1)^n}{\varphi^n} = \frac{\varphi^{2n}+(-1)^n}{\varphi^n}. \qquad (3)$$

Ersetzen der Größen α und β durch ihre Zahlenwerte I(7) in (3) führt zu folgender Darstellung:

$$L_n = \frac{1}{2^n} * [(\sqrt{5}+1)^n + (1-\sqrt{5})^n]. \qquad (4)$$

Die Lucas-Zahlen sind *natürliche* Zahlen, daher sind alle Darstellungen von L_n, also auch (3) und (4), Darstellungen natürlicher Zahlen mittels algebraischer Verknüpfungen *irrationaler* Zahlen.

2. Beziehungen zwischen den Lucas-Zahlen

Satz: *Das Quadrat einer Lucas-Zahl L_n mit geradzahligem (ungeradzahligem) Index ist um 2 größer (kleiner) als die Lucas-Zahl mit doppeltem Index L_{2n}:*

$$L_n^2 = L_{2n} + 2(-1)^n, \quad (n \in N). \qquad (5)$$

Dies lässt sich leicht nachrechnen, indem man (1) ausquadriert und wieder I(7) anwendet:

$$L_n^2 = (\alpha^n + \beta^n)^2 = \alpha^{2n} + \beta^{2n} + 2\alpha^n\beta^n = L_{2n} + 2(-1)^n.$$

Weiter gilt für die Lucas-Zahlen analog zu I(15) folgende Beziehung ab n > 1:

Satz: Das Quadrat der n-ten Lucas-Zahl ist für gerades n (ungerades n) um 5 größer (kleiner) als das Produkt aus Vorgänger und Nachfolger (n > 1):

$$L_n^2 - L_{n+1} L_{n-1} = 5(-1)^n. \tag{6}$$

Zum Beweis des Satzes benutzt man wieder die Definition (1) und die Beziehungen I(8):

Demnach ergibt sich:

$$(\alpha^n + \beta^n)^2 - (\alpha^{(n+1)} + \beta^{(n+1)}) * (\alpha^{(n-1)} + \beta^{(n-1)}) =$$

$$= \alpha^{2n} + \beta^{2n} + 2\alpha^n \beta^n - (\alpha^{2n} + \beta^{2n} + \alpha^{(n+1)} \beta^{(n-1)} + \alpha^{(n-1)} \beta^{(n+1)}) =$$

$$= 2\alpha^n \beta^n - \alpha^{n-1} \beta^{n-1} (\alpha^2 + \beta^2) = (-1)^{(n-1)} (-1) (\alpha - \beta)^2 =$$

$$= 5(-1)^n, \text{ wzbw.}$$

Dazu einige Zahlenbeispiele (vgl.Anhang: Tabelle 3):

n = 2: $\quad L_2^2 - L_1 L_3 \quad = \quad 3^2 - 1*4 \quad = \quad 5$

n = 3: $\quad L_3^2 - L_2 L_4 \quad = \quad 4^2 - 3*7 \quad = \quad -5$

n = 4: $\quad L_4^2 - L_3 L_5 \quad = \quad 7^2 - 4*11 \quad = \quad 5$

n = 5: $\quad L_5^2 - L_4 L_6 \quad = \quad 11^2 - 7*18 \quad = \quad -5.$

n = 6: $\quad L_6^2 - L_5 L_7 \quad = \quad 18^2 - 11*29 \quad = \quad 5.$

usw.

Aus (6) ergibt sich weiter für jedes n > 1:

$$\left| L_n^2 - L_{n-1} * L_{n+1} \right| = 5. \qquad (6')$$

Der Unterschied zwischen dem Quadrat einer Lucas-Zahl und dem Produkt aus Vorgänger und Nachfolger ist dem Betrage nach 5.

Aus (5) und (6) folgt durch Gleichsetzen schließlich die Beziehung:

$$L_{2n} = 3(-1)^n + L_{n+1} L_{n-1}. \qquad (7)$$

3. Beziehungen zwischen den Lucas-Zahlen und den Fibonacci-Zahlen

Die Lucas-Zahlen L_n stehen in enger Beziehung zu den Fibonacci-Zahlen F_n.

So lassen sich die Lucas-Zahlen ab L_2 auf folgende Weise durch Fibonacci-Zahlen darstellen:

$$n > 1: \qquad L_n = F_{n-1} + F_{n+1}. \qquad (8)$$

Beispiele:

Es ist:
$$L_2 = F_1 + F_3 = 1 + 2 = 3,$$
$$L_3 = F_2 + F_4 = 1 + 3 = 4,$$
$$\dots$$
$$L_{15} = F_{14} + F_{16} = 377 + 987 = 1364,$$
$$\dots,$$
usf.

Die allgemeine Gültigkeit von (8) ergibt sich mit I(10) für n > 1 aus:

$$F_{n-1} + F_{n+1} =$$

$$= \frac{\alpha^{n-1} - \beta^{n-1} + \alpha^{n+1} - \beta^{n+1}}{\alpha - \beta} = \frac{\alpha^n * (\alpha + \frac{1}{\alpha}) - \beta^n * (\beta + \frac{1}{\beta})}{\alpha - \beta},$$

wenn man im Zähler die Klammern ersetzt mittels I(8) und I(9):

$$\alpha + \frac{1}{\alpha} = \alpha - \beta, \quad \text{bzw.} \quad \beta + \frac{1}{\beta} = -(\alpha - \beta),$$

so dass sich nach Kürzen von $\alpha - \beta$:

$$F_{n-1} + F_{n+1} = \alpha^n + \beta^n = L_n$$

ergibt, wzbw.

Beziehung (8) lässt sich äquivalent umformen, indem man F_{n+1} durch die rekursive Definition der Fibonacci-Zahlen I(14) ersetzt, so dass sich ergibt:

$$F_{n-1} + F_{n-1} + F_n = L_n \quad \Rightarrow$$

$$L_n = 2 F_{n-1} + F_n. \tag{9}$$

Addiert man zu (9) den Term F_n, also:

$$L_n + F_n = 2 F_{n-1} + 2 F_n,$$

so lässt sich (9) auch in folgender Form darstellen:

$$L_n + F_n = 2 F_{n+1}. \tag{9'}$$

Durch weitere Umformungen gelangt man zu einer Beziehung zwischen L_n^2 und F_n^2 :

Quadrieren von (9) ergibt:

$$L_n^2 = (2F_{n-1} + F_n)^2 = 4F_{n-1}^2 + F_n^2 - 4F_{n-1}F_n =$$

$$= F_n^2 + 4F_{n-1}(F_{n-1} + F_n),$$

also gilt:
$$L_n^2 = F_n^2 + 4F_{n-1}F_{n+1}. \qquad (10)$$

Beziehung (10) lässt sich mithilfe I(15): $F_n^2 - F_{n+1}F_{n-1} = (-1)^{n-1}$, also mit:

$$F_{n-1}F_{n+1} = F_n^2 + (-1)^n$$

umwandeln in eine Beziehung, die nur die Quadrate der n-ten Lucas- und Fibonacci-Zahl enthält:

Zwischen den Quadraten einer Lucas- und einer Fibonacci-Zahl besteht dann folgender Zusammenhang:

$$L_n^2 = 5F_n^2 + 4(-1)^n. \qquad (11)$$

Beispiele:

Es ist
$$L_1^2 = 5F_1^2 - 4 = 5 - 4 = 1,$$
$$L_2^2 = 5F_2^2 + 4 = 5 + 4 = 3^2,$$
...
$$L_{15}^2 = 5F_{15}^2 - 4 = 5*610^2 - 4 = 1364^2,$$

usf.

4. Zerlegung der Fibonacci-Zahlen in eine Lucas-Summe

Satz: *Alle Fibonacci-Zahlen ab F_2 lassen sich mithilfe (1) und I(13) in eine alternierende Summe aus Lucas-Zahlen zerlegen.*

Dazu wird die Zerlegung I(13) ($n \in N$):

$$F_{n+1} = \sum_{i=0}^{n} \alpha^{n-i} \beta^{i} = \alpha^n + \alpha^{n-1}\beta + \alpha^{n-2}\beta^2 + \ldots + \alpha\beta^{n-1} + \beta^n,$$

so umgeordnet, dass man den ersten und letzten Term zum ersten Summanden der neuen Zerlegung zusammenfasst und mit $L_n = \alpha^n + \beta^n$ identifiziert.

Fasst man weiter der Reihe nach den zweiten und vorletzten Term zusammen und klammert aus dieser Summe $\alpha\beta$ aus, so kann der zweite Term mit $\alpha\beta(\alpha^{n-2} + \beta^{n-2}) = (-1)L_{n-2}$ identifiziert werden.

Setzt man das Verfahren fort, so lassen sich die n+1 Summanden von I(13) vollständig paarweise zusammenfassen, wenn:

(a) n + 1 gerade ist.

Dies ist unmittelbar ersichtlich für:

n = 1: $F_2 = \alpha + \beta = L_1 = 1$,

n = 3: $F_4 = \alpha^3 + \alpha^2\beta + \alpha\beta^2 + \beta^3 =$
           $= (\alpha^3 + \beta^3) + \alpha\beta(\alpha + \beta) = L_3 - L_1$.

(b) n + 1 ist ungerade:

Für ungerades n+1 (also geradzahliges n) bleibt bei diesem Verfahren der mittlere Term: $(\alpha\beta)^{n/2} = (-1)^{n/2}$ übrig, sodass sich ergibt für:

n = 2: $\quad F_3 = \alpha^2 + \alpha\beta + \beta^2 =$
$\qquad\qquad\quad = (\alpha^2 + \beta^2) + \alpha\beta = L_2 - 1,$

n = 4: $\quad F_5 = \alpha^4 + \alpha^3\beta + \alpha^2\beta^2 + \alpha\beta^3 + \beta^4 =$
$\qquad\qquad\quad = (\alpha^4 + \beta^4) + \alpha\beta(\alpha^2 + \beta^2) + \alpha^2\beta^2 =$
$\qquad\qquad\quad = L_4 + (-1)L_2 + (-1)^2.$

Somit hat man für die Zerlegung einer Fibonacci-Zahl in eine Lucas-Summe zu unterscheiden, ob der Index i der Fibonacci-Zahl und damit die Anzahl der Summanden in I(13) gerade oder ungerade ist.

Setzt man das Verfahren fort, erhält man für

(a) geraden Fibonacci-Index n + 1, also für *n ungerade:*

$$F_{n+1} = L_n + (-1)L_{n-2} + (-1)^2 L_{n-4} - (-1)^3 L_{n-6} + \ldots + (-1)^{(n-1)/2} L_1.$$
(12)

n = 5: $F_6 = L_5 + (-1)L_3 + (-1)^2 L_1 = L_5 - L_3 + L_1,$

n = 7: $F_8 = L_7 + (-1)L_5 + (-1)^2 L_3 + (-1)^3 L_1 =$
$\qquad\qquad = L_7 - L_5 + L_3 - L_1.$

Ist der Index n + 1 von F_{n+1} gerade, also *n ungeradzahlig*, dann gibt es genau $\dfrac{n+1}{2}$ Lucas-Terme mit ungeradzahligem Index, die die alternierende Summe bilden. Beginnt man die Summe mit der Lucas-Zahl, die den höchsten Index n hat, hat jeder weitere Lucas-Term einen um 2 verminderten Index wie der Vorgänger. Der letzte Term in der alternierenden Abfolge ist dann $L_1 = 1$.

<u>Beispiele:</u>

n = 7: Die Zerlegung von F_8 hat genau $\dfrac{n+1}{2} = 4$ Lucas-Terme, die die alternierende Summe bilden:

$$L_7 - L_5 + L_3 - L_1 = F_8,$$

n = 17: Die Zerlegung der Fibonacci-Zahl F_{18} hat 9 Lucas-Terme:

$$L_{17} - L_{15} + L_{13} - L_{11} + L_9 - L_7 + L_5 - L_3 + L_1 = F_{18}.$$

(b) Der Fibonacci-Index n +1 ist ungerade, also *n gerade:*

$$F_{n+1} = L_n + (-1)L_{n-2} + (-1)^2 L_{n-4} - (-1)^3 L_{n-6} + ... + (-1)^{n/2}.$$
(12')

Beispiele:

n = 6:
$$F_7 = L_6 + (-1)L_4 + (-1)^2 L_2 + (-1)^3 =$$
$$= L_6 - L_4 + L_2 - 1,$$

n = 8:
$$F_9 = L_8 + (-1)L_6 + (-1)^2 L_4 + (-1)^3 L_2 + (-1)^4 =$$
$$= L_8 - L_6 + L_4 - L_2 + 1.$$

Ist der Index n+1 von F_{n+1} ungerade, also *n geradzahlig*, dann gibt es genau $\frac{n}{2}$ Lucas-Terme mit geradzahligem Index, Beginnt man die Summe mit der Lucas-Zahl, die den höchsten Index n hat, hat jeder weitere Lucas-Term einen um 2 verminderten Index wie der Vorgänger. Der letzte Term, also der ($\frac{n}{2} + 1$)-te Term in der alternierenden Abfolge ist die Zahl 1.

Damit lassen sich die Beziehungen (12) und (12') zusammenfassen.

Vergleicht man nämlich (12) und (12'), so ist allgemein für Fibonacci-Zahlen mit Index n + 1 , für n > 1, $n \in N$:

bei ungeradem n:
$F_{n+1} = L_n + (-1)L_{n-2} + (-1)^2 L_{n-4} - (-1)^3 L_{n-6} + ... + (-1)^{(n-1)/2} L_1$,
bei geradem n:
$F_{n+1} = L_n + (-1)L_{n-2} + (-1)^2 L_{n-4} - (-1)^3 L_{n-6} + ... + (-1)^{n/2}$.

Daran ist erkenntlich, dass sich die Beziehungen lediglich im letzten Term unterscheiden.

Es lässt sich daher für alle n > 1 in eine einheitliche Summenformel (vgl.Anmerkung zu I(13')) angeben:

$$F_{n+1} = \sum_{i=0}^{[n/2]} (-1)^i L_{n-2i} , \qquad (12'')$$

Dabei bedeutet $[\frac{n}{2}]$ die größte ganze Zahl, die $\frac{n}{2}$ nicht übertrifft, so dass der Exponent von (-1) im letzten Term für gerades n genau $\frac{n}{2}$ ist, wie in (12'),

für ungerades n aber $\frac{n}{2}$ - 0,5 = (n - 1)/2, wie in (12).

Zusätzlich ist im letzten Term von (12') als Hilfsgröße $L_o = 1$ gesetzt, so dass sich in jedem Fall für alle n > 1 (12) bzw. (12') ergibt.

Beispiele: (n > 1)

n = 2: $\frac{n}{2} = 1, \Rightarrow$

$F_3 = \sum_{i=0}^{1} (-1)^i L_{2-2i} = (-1)^0 L_{2-2*0} + (-1)^1 L_{2-2} = L_2 - 1$.

n = 3: $[\frac{n}{2}] = [1,5] = 1 \Rightarrow$

$F_4 = \sum_{i=0}^{1} (-1)^i L_{3-2i} = (-1)^0 L_{3-2*0} + (-1)^1 L_{3-2} = L_3 - L_1$.

...

Die Zerlegung (12) einer beliebigen Fibonacci-Zahl F_{n+1} (n > 1) stimmt natürlich auch mit der im vorigen Abschnitt gezeigten Beziehung (8)

$$F_{n+1} = L_n - F_{n-1} \quad (n > 1)$$

überein.

So erhält man beispielsweise aus (8) die oben aufgeführten Zerlegungen:

$F_3 = L_2 - F_1 = L_2 - 1$
$F_4 = L_3 - F_2 = L_3 - 1 \qquad\qquad = L_3 - L_1$
$F_5 = L_4 - F_3 = L_4 - (L_2 - 1) \qquad = L_4 - L_2 + 1$
$F_6 = L_5 - F_4 = L_5 - (L_3 - L_1) \qquad = L_5 - L_3 + L_1$
$F_7 = L_6 - F_5 = L_6 - (L_4 - L_2 + 1) = L_6 - L_4 + L_2 - 1$
$F_8 = L_7 - F_6 = L_7 - (L_5 - L_3 + 1) = L_7 - L_5 + L_3 - L_1$.

5. Konvergenz und Grenzwert der Folge $(R_n) = (\dfrac{L_{n+1}}{L_n})$

Auch für die Lucas-Zahlen gilt analog zu 1.7:

Satz: *Die Folge* $(R_n) = (\dfrac{L_{n+1}}{L_n})$ *der Quotienten aus einer Lucas-Zahl und ihrem Vorgänger ist konvergent.*

Die ersten Terme der Folge (R_n) sind:

$R_1 = 3$, $R_2 = 4/3 = 1{,}333...$, $R_3 = 7/4 = 1{,}75$, $R_4 = 11/7 = 1{,}571...$, $R_5 = 18/11 = 1{,}636...$, usf.

Die Folge (R_n) ist beschränkt, da auch für die Lucas-Zahlen gilt:

$$\frac{L_{n+1}}{L_n} > 1,$$

denn: $\quad \dfrac{L_{n+1}}{L_n} = \dfrac{L_n + L_{n-1}}{L_n} = 1 + \dfrac{L_{n-1}}{L_n}.$

Da $\dfrac{L_{n-1}}{L_n} < 1$ ist, ist $\dfrac{L_{n+1}}{L_n} < 2$ für alle n > 2.

Somit ist $1 < \dfrac{L_{n+1}}{L_n} < 2,$ also (R_n) beschränkt.

Wiederum ist ersichtlich, dass die Folge (R_n) nicht monoton ist, wieder ist wie bei der Folge (Q_n) in I,6. der Nachfolger eines Terms abwechselnd größer bzw. kleiner als dieser.

Mit (6) ergibt sich nämlich allgemein:

$$R_{n+1} - R_n = \frac{L_{n+2}}{L_{n+1}} - \frac{L_{n+1}}{L_n} = \frac{L_{n+2}L_n - L_{n+1}^2}{L_{n+1}L_n} = \frac{5(-1)^{n+2}}{L_{n+1}L_n},$$

so dass der Wert der Differenz aufeinanderfolgender Terme alternierend das Vorzeichen wechselt.

Betrachtet man den Betrag dieser Differenz, so gilt:

$$|R_{n+1} - R_n| = \frac{5}{L_{n+1}L_n} < \frac{1}{n^2} < \varepsilon,$$

da für alle n > 1 gilt: $n < L_n < L_{n+1}$ und somit $L_{n+1} * L_n > n^2$ ist.

Damit ist das Cauchy-Konvergenzkriterium erfüllt und die Konvergenz der Folge $(R_n)=(\frac{L_{n+1}}{L_n})$ bewiesen.

Satz: *Die konvergente Folge* $(R_n)=(\frac{L_{n+1}}{L_n})$ *hat denselben Grenzwert wie die Folge* $(Q_n)=(\frac{F_{n+1}}{F_n})$ *(vgl.I,7.).*

Die Behauptung ist bewiesen, wenn gezeigt ist, dass die Differenzfolge eine Nullfolge ist, wenn also:

$$\left| \frac{L_{n+1}}{L_n} - \frac{F_{n+1}}{F_n} \right| \to 0$$

gilt.

Zum Beweis ersetzt man L_{n+1} im ersten Zähler gemäß (8) durch:

$$L_{n+1} = F_n + F_{n+2},$$

und analog

$$L_n = F_{n-1} + F_{n+1}$$

und fasst die Differenz zusammen, so erhält man:

$$\left| \frac{F_n + F_{n+2}}{L_n} - \frac{F_{n+1}}{F_n} \right| = \left| \frac{F_n^2 + F_{n+2}F_n - (F_{n-1}+F_{n+1})F_{n+1}}{L_n F_n} \right|$$

In diesem Ausdruck lässt sich der Zähler:

$$F_n^2 - F_{n-1}F_{n+1} - (F_{n+1}^2 - F_{n+2}F_n)$$

folgendermaßen umformen:

Mithilfe I(15): $F_n^2 - F_{n+1} F_{n-1} = (-1)^{n-1}$ zeigt sich, dass der gesamte Zähler gleich

$$(-1)^{n-1} - (-1)^n = 2(-1)^{n-1}$$

ist.

Somit wird der Betrag der Differenz

$$\left| \frac{F_n + F_{n+2}}{L_n} - \frac{F_{n+1}}{F_n} \right| = \left| \frac{2(-1)^{n-1}}{L_n F_n} \right|,$$

also:

$$\left| \frac{L_{n+1}}{L_n} - \frac{F_{n+1}}{F_n} \right| = \frac{2}{L_n F_n} < \frac{2}{n^2} \to 0.$$

Es ist nämlich ab n > 5 auch F_n > n und somit $L_n F_n > n^2$ für alle n ϵ N, n > 5:

$$\frac{1}{L_n F_n} < \frac{1}{n^2}.$$

Damit ist gezeigt:

Der Grenzwert R der konvergenten rationalen Zahlenfolge $(R_n) = (\frac{L_{n+1}}{L_n})$ ist gleich dem Grenzwert Q der rationalen Zahlenfolge $(Q_n) = (\frac{F_{n+1}}{F_n})$.

In I,7. wurde gezeigt, dass der Grenzwert der Folge $(Q_n) = (\frac{F_{n+1}}{F_n})$ die Zahl Φ ist.

Somit hat auch die Folge $(R_n) = (\frac{L_{n+1}}{L_n})$ denselben Grenzwert Φ.

Analog I,7. lässt sich die Grenzwertberechnung auch direkt mithilfe der Definition (1) durchführen:

Ersetzt man nämlich in

$$\frac{L_{n+1}}{L_n} = \frac{\alpha^{n+1} + \beta^{n+1}}{\alpha^n + \beta^n}$$

wieder gemäß I,7. α durch Φ und β durch $-1/\Phi$,

so wird der Ausdruck zu:

$$\frac{L_{n+1}}{L_n} = \frac{\phi^{n+1} + \left(\frac{-1}{\phi}\right)^{n+1}}{\phi^n + \left(\frac{-1}{\phi}\right)^n} = \frac{\phi^{n+1}}{\phi^n + \frac{(-1)^n}{\phi^n}} + \frac{\frac{(-1)^{n+1}}{\phi^{n+1}}}{\phi^n + \frac{(-1)^n}{\phi^n}}.$$

Durch analoge Umformungen wie in I,7. erhält man:

$$\frac{L_{n+1}}{L_n} = \phi * \frac{1}{1 + \frac{(-1)^n}{\phi^{2n}}} + \frac{(-1)^{n+1}}{\phi^{2n+1} + (-1)^n * \phi}. \qquad (13)$$

Dieser Ausdruck (13) ist bis auf die vertauschten Rechenzeichen identisch ist mit I(20).

Die Konvergenzbetrachtung verläuft wie dort:

Der erste Term konvergiert gegen Φ für $n \to \infty$.

Der zweite Term ist eine alternierende Nullfolge und trägt zum Grenzwert für $n \to \infty$ lediglich die Richtung der Annäherung bei.

Daher ist der Grenzwert der Folge $(R_n) = (\dfrac{L_{n+1}}{L_n})$ ebenfalls die Zahl Φ und die Terme auch dieser Folge nähern sich dem Grenzwert abwechselnd von oben und unten, im Vergleich zu (F_{n+1}/F_n) allerdings in umgekehrter Richtung.

Es gilt also:

für ungerades n liegt der Wert von L_{n+1}/L_n stets über Φ,
für gerades n stets unter Φ, wie aus (13) ersichtlich.

So ist:

$R_1 = 3 \quad > \quad \Phi$
$\quad\quad\quad\quad\quad \Phi \; > \; R_2 = 4/3 = 1{,}33...$
$R_3 = 1{,}75 \; > \; \Phi$
$\quad\quad\quad\quad\quad \Phi \; > \; R_4 = 11/7 = 1{,}57...$

usf.

Damit ist gezeigt, dass auch die Folge $(R_n) = (\dfrac{L_{n+1}}{L_n})$ konvergiert und den Grenzwert Φ hat.

6. Zusammenfassung zu II:

Für die Lucas-Zahlen gelten folgende Beziehungen:

$$L_{n+1} = L_n + L_{n-1} \quad \text{mit} \quad L_1 = 1 \text{ und } L_2 = 3 \tag{2}$$

$$L_{2n} = 3(-1)^n + L_{n+1} L_{n-1} \tag{7}$$

$$L_n^2 = L_{2n} + 2(-1)^n, \quad (n \in N) \tag{5}$$

$$L_n^2 - L_{n+1} L_{n-1} = 5(-1)^n \tag{6}$$

bzw: $\quad \left| L_n^2 - L_{n-1} * L_{n+1} \right| = 5 \quad (n > 1) \tag{6'}$

Die Lucas-Zahlen L_n sind ähnlich wie die Fibonacci-Zahlen mit dem Verhältnis des Goldenen Schnitts Φ verknüpft:

Die n-te Zahl L_n lässt sich direkt durch Φ ausdrücken:

$$L_n = \phi^n + \frac{(-1)^n}{\phi^n},$$

$$\tag{3}$$

bzw:

$$L_n = \frac{1}{2^n} * [(\sqrt{5}+1)^n + (1-\sqrt{5})^n] \tag{4}$$

Der Quotient L_{n+1}/L_n hat denselben Grenzwert wie die Folge F_{n+1}/F_n, konvergiert also ebenfalls gegen Φ:

$$(R_n) = \frac{L_{n+1}}{L_n} \to \phi \quad \text{für} \quad n \to \infty$$

Die wichtigsten Beziehungen zwischen Lucas-Zahlen L_n und Fibonacci-Zahlen F_n sind:

$$L_n = F_{n-1} + F_{n+1} \qquad (8)$$

$$L_n = 2 F_{n-1} + F_n \qquad (9)$$

$$L_n + F_n = 2 F_{n+1} \qquad (9')$$

$$L_n^2 = 5 F_n^2 + 4(-1)^n \qquad (11)$$

$$F_{n+1} = \sum_{i=0}^{[n/2]} (-1)^i L_{n-2i}, \quad n > 1 \qquad (12'')$$

III. Über die Teilbarkeit von Fibonacci- und Lucas-Zahlen

Fibonacci- und Lucas-Zahlen weisen einige erstaunliche Teilbarkeitseigenschaften auf. Es gibt Zusammenhänge zwischen dem Index n und der Zerlegung der entsprechenden Fibonacci- (bzw. Lucas-) Zahlen in Faktoren. Dies soll im folgenden untersucht werden.

1. Fibonacci-Zahlen mit geradzahligem Index i = 2n

Satz: *Alle Fibonacci-Zahlen F_{2n} mit geradzahligem Index i = 2n sind teilbar durch die Fibonacci-Zahl F_n mit halbem Index i/2 = n.*
Der Wert des Quotienten ergibt die Lucas-Zahl mit demselben Index n:

$$\frac{F_{2n}}{F_n} = L_n. \qquad (1)$$

Zum Beweis von (1) verwendet man I(10) und II(1) und kürzt den Quotienten wie folgt:

$$\frac{F_{2n}}{F_n} = \frac{\alpha^{2n}-\beta^{2n}}{\alpha^n-\beta^n} = \frac{(\alpha^n-\beta^n)(\alpha^n+\beta^n)}{\alpha^n-\beta^n} = \alpha^n+\beta^n = L_n,$$

somit ist die Behauptung (1) für alle n $\in$ N richtig.

Beispiele:

$$\frac{F_2}{F_1} = 1 = L_1, \qquad \frac{F_4}{F_2} = 3 = L_2, \qquad \frac{F_6}{F_3} = 4 = L_3.$$

Das bedeutet:

Alle Fibonacci-Zahlen mit geradzahligem Index i = 2n lassen sich zerlegen in das Produkt aus der Lucas-Zahl und der Fibonacci-Zahl mit halbem Index i/2 = n:

$$F_{2n} = F_n \cdot L_n. \tag{1'}$$

Durch Umstellen erhält man die äquivalenten Beziehungen:

$$F_n = \frac{F_{2n}}{L_n} \quad und: \quad L_n = \frac{F_{2n}}{F_n}. \tag{1''}$$

Anmerkung 1:

Die Beziehung (1) lässt sich auch durch Anwendung der rekursiven Definition der Fibonacci-Zahlen bestätigen:

$$\frac{F_{2n}}{F_n} = \frac{F_{2n-1} + F_{2n-2}}{F_n} = \frac{2F_{2n-2} + F_{2n-3}}{F_n} = \frac{3F_{2n-3} + 2F_{2n-4}}{F_n} =$$

$$= \frac{5F_{2n-4} + 3F_{2n-5}}{F_n} = \ldots$$

Da die Koeffizienten ihrerseits die Fibonacci-Zahlen durchlaufen, erhält man:

$$\frac{F_{2n}}{F_n} = \frac{F_{n+1} F_n + F_n F_{n-1}}{F_n} = F_{n+1} + F_{n-1} = L_n,$$

also mit II(8) die Beziehung (1).

Anmerkung 2:

Jede Fibonacci-Zahl F_i mit geradzahligem Index $i = 2n$ ist durch die Fibonacci-Zahlen F_2 und F_n teilbar ($F_2 = 1$).

Beispiele: (vgl.Tabelle 2, Anhang)

$2n = 14$: $F_{14} = F_7 L_7$, also ist $F_7 = 13$ Teiler von 377
$2n = 32$: $F_{32} = F_{16} L_{16}$, also: $F_{16} = 987$ Teiler von 2178309.

Anmerkung 3:

Wird der Index einer beliebigen Fibonacci-Zahl verdoppelt, so ist er geradzahlig und die Fibonacci-Zahl kann daher gemäß (1') zerlegt werden.

Demnach kann dann, wenn der Index i einer Fibonacci-Zahl mehrfach durch 2 teilbar ist, also $i = 2^k m$, $k \in N$, m ungerade oder m = 2, die Zerlegung (1') mehrfach durchgeführt werden, bis ein Produkt entsteht aus dem Fibonacci-Faktor F_m und k-1 Lucas-Faktoren, deren letzter den Index $2^{(k-1)} m$ hat.

$$F_{2^k m} = F_m L_m L_{2m} L_{4m} \ldots L_{2^{k-1} m}$$

Dann ist $F_{2^k m}$ durch jeden der k-1 Lucas-Faktoren der Zerlegung teilbar.

Beispiel:

m = 2:
k = 1 $F_4 = F_2 * L_2$ $= L_2$
k = 2 $F_8 = F_4 * L_4$ $= F_2 * L_2 * L_4$ $= L_2 * L_4$
k = 3 $F_{16} = F_8 * L_8$ $= F_2 * L_2 * L_4 * L_8$ $= L_2 * L_4 * L_8$
k = 4 $F_{32} = F_{16} * L_{16}$ $= F_2 * L_2 * L_4 * L_8 * L_{16}$ $= L_2 * L_4 * L_8 * L_{16}$
...

m = 3:
k = 1 $F_6 = F_3 * L_3$
k = 2 $F_{12} = F_6 * L_6 = F_3 * L_3 * L_6$
k = 3 $F_{24} = F_{12} * L_{12} = F_3 * L_3 * L_6 * L_{12}$
k = 4 $F_{48} = F_{24} * L_{24} = F_3 * L_3 * L_6 * L_{12} * L_{24}$
...
m = 5:
k = 1 $F_{10} = F_5 * L_5$
k = 2 $F_{20} = F_{10} * L_{10} = F_5 * L_5 * L_{10}$
k = 3 $F_{40} = F_{20} * L_{20} = F_5 * L_5 * L_{10} * L_{20}$.
k = 4 $F_{80} = F_{40} * L_{40} = F_5 * L_5 * L_{10} * L_{20} * L_{40}$
... .

2. Fibonacci-Zahlen mit Index i = 3n

Satz: *Alle Fibonacci-Zahlen F_{3n} mit einem durch 3 teilbaren Index i = 3·n sind teilbar durch die Fibonacci-Zahl F_n, deren Index i/3 = n ist.*

Also:
$$\frac{F_{3n}}{F_n} \in N. \qquad (2)$$

Zum Beweis, dass der Wert des Quotienten (2) eine natürliche Zahl ist, verwendet man wieder die Definition I(10) und rechnet schlicht den Quotienten der Polynome aus.

So erhält man:

$$\frac{F_{3n}}{F_n} = \frac{\alpha^{3n} - \beta^{3n}}{\alpha^n - \beta^n} = \alpha^{2n} + \alpha^n \beta^n + \beta^{2n}.$$

Dabei ist $\alpha^{2n}+\beta^{2n}=L_{2n}$ (II(1)), und $\alpha^n\beta^n = (-1)^n$ (I(8)), also:

$$\frac{F_{3n}}{F_n} = L_{2n} + (-1)^n. \tag{3a}$$

Da die Lucas-Zahlen natürliche Zahlen sind und $L_{2n} > 1$ für alle $n \in N$, also auch $L_{2n} - 1 > 0$ stets eine natürliche Zahl ist, gilt:

$$L_{2n} + (-1)^n \in N,$$

womit (2) bestätigt ist.

<u>Anmerkung 1</u>:

Eine andere Umformung von I(10) $F_{3n} = \dfrac{\alpha^{3n}-\beta^{3n}}{\alpha-\beta}$ ergibt eine weitere Darstellung für $\dfrac{F_{3n}}{F_n}$:

Faktorisiert man den Zähler gemäß $x^3 - y^3 = (x - y)*[(x + y)^2 - xy]$, so erhält man (mit $x = \alpha^n, y = \beta^n$):

$$F_{3n} = \frac{\alpha^n-\beta^n}{\alpha-\beta} * [(\alpha^n+\beta^n)^2 - \alpha^n\beta^n].$$

Mit I(10) ist der erste Faktor gleich F_n, der zweite Faktor ist die Differenz aus $(\alpha^n+\beta^n)^2 = L_n^2$ (vgl.II(1)) und $(-1)^n$, (vgl.I(8)). Demnach ist:

$$F_{3n} = F_n * [L_n^2 - (-1)^n].$$

Mit $L_n^2 - (-1)^n = L_n^2 + (-1)^{n+1}$ erhält man:

$$\frac{F_{3n}}{F_n} = L_n^2 + (-1)^{n+1} \quad \epsilon \ N. \qquad (3b)$$

Die Gleichheit von (3a) und (3b) erfordert, dass

$$L_n^2 + (-1)^{n+1} = L_{2n} + (-1)^n$$

gilt.

Dies lässt sich sofort aus II (5): $L_n^2 = L_{2n} + 2(-1)^n$, ersehen, da

$$2(-1)^n + (-1)^{n+1} = (-1)^n \quad \text{ist.}$$

Damit gleichbedeutend ist folgende Beziehung für Lucas-Zahlen:

$$L_n^2 - L_{2n} = 2(-1)^n.$$

Für den Wert des Quotienten $\frac{F_{3n}}{F_n}$ ergibt sich also:

$$\frac{F_{3n}}{F_n} = L_n^2 + (-1)^{n+1} = L_{2n} + (-1)^n,$$

in Übereinstimmung mit (3a).

<u>Anmerkung 2</u>:

Wie im vorigen Abschnitt lässt sich die Teilbarkeit von F_{3n} durch F_n auch durch Anwendung der rekursiven Definition der Fibonacci-Zahlen zeigen:

$$\frac{F_{3n}}{F_n} = \frac{F_{3n-1}+F_{3n-2}}{F_n} = \frac{2F_{3n-2}+F_{3n-3}}{F_n} = \frac{3F_{3n-3}+2F_{3n-4}}{F_n} =$$

$$= \frac{5F_{3n-4}+3F_{3n-5}}{F_n} = \ldots$$

Nach 2n Schritten erhält man, da wie vorher die Koeffizienten ihrerseits die Fibonacci-Zahlen durchlaufen:

$$\ldots = \frac{F_{2n+1}F_n + F_{2n}F_{n-1}}{F_n} = F_{2n+1} + \frac{F_{2n}}{F_n} F_{n-1},$$

bzw. mit (1):

$$\frac{F_{3n}}{F_n} = F_{2n+1} + L_n F_{n-1} \in N. \tag{3c}$$

Die Gleichheit von (3c) mit (3a) ist nicht ohne Weiteres erkennbar:

Zunächst lässt sich die rechte Seite von (3c) mithilfe der Beziehung II(8) $L_n = F_{n-1} + F_{n+1}$ umschreiben:

$$\frac{F_{3n}}{F_n} = F_{2n+1} + F_{n-1}^2 + F_{n+1}F_{n-1}.$$

Weitere Umformung mit I(15): $F_{n+1} \cdot F_{n-1} = F_n^2 + (-1)^n$
ergibt:

$$\frac{F_{3n}}{F_n} = F_{2n+1} + F_{n-1}^2 + F_n^2 + (-1)^n.$$

Benutzt man nun die folgende allgemeingültige Beziehung für Fibonacci-Zahlen, die noch gesondert zu beweisen ist:

$$F_{n-1}^2 + F_n^2 = F_{2n-1}, \quad n > 1, \tag{4}$$

so erhält man: $\quad \dfrac{F_{3n}}{F_n} = F_{2n+1} + F_{2n-1} + (-1)^n \quad$ (3d)

und mit II(8): $\quad \dfrac{F_{3n}}{F_n} = L_{2n} + (-1)^n$,

womit die Äquivalenz von (3c) mit (3a) gezeigt ist. Also gilt:

$$\dfrac{F_{3n}}{F_n} = L_{2n} + (-1)^n = L_n^2 + (-1)^{n+1} =$$

$$= F_{2n+1} + L_n F_{n-1} = F_{2n+1} + F_{2n-1} + (-1)^n \in N.$$

Es sind also alle Fibonacci-Zahlen F_i mit einem Index i = 3n durch die Fibonacci-Zahlen F_n mit Index n teilbar und der Wert des Quotienten lässt sich in den vier beschriebenen Formen ausrechnen.

<u>Beispiele:</u>

i = 24 = 3*8, also n = 8:

$$\dfrac{F_{24}}{F_8} = \dfrac{46368}{21} = L_{16} + 1 = 2207 + 1 = F_{17} + L_8 F_7 =$$
$$= 1597 + 47*13 =$$
$$= F_{17} + F_{15} + (-1)^8 = 1597 + 610 + 1.$$

i = 36 = 3*12, also n = 12:

$$\dfrac{F_{36}}{F_{12}} = \dfrac{14930352}{144} = L_{24} + 1 = 103682 + 1 = F_{25} + L_{12} F_{11} =$$
$$= 75025 + 322*89 =$$
$$= F_{25} + F_{23} + (-1)^{12} = 75025 + 28657 + 1.$$

Beziehung (4) lässt sich mit I(14) und (1) folgendermaßen herleiten:

$$F_{2n-1} = F_{2n} - F_{2n-2} = L_n F_n - L_{n-1} F_{n-1} = \text{ (mit II(8))}$$

$$= (F_{n-1} + F_{n+1}) F_n - (F_{n-2} + F_n) F_{n-1} = F_n F_{n+1} - F_{n-2} F_{n-1},$$

was durch Ersetzen von $F_{n+1} = F_n + F_{n-1}$ und $F_{n-2} = F_n - F_{n-1}$ (I(14))

schließlich zur Beziehung (4) $\quad F_{n-1}^2 + F_n^2 = F_{2n-1} \quad$ führt.

Anmerkung 3:

Die Gültigkeit der Beziehung (4) für alle n > 1, $n \in N$, lässt sich auch mittels vollständiger Induktion zeigen.

Die vollständige Induktion ist eine Beweismethode für die Behauptung, dass ein Ausdruck für alle natürlichen Zahlen $n \in N$ richtig ist.

Wenn die Behauptung für ein n (für n = 1) richtig ist und aus der Gültigkeit für irgendein beliebiges $k \in N$ die sichere Gültigkeit für das nachfolgende k, also für k+1, folgt, dann ist die Ausdruck für alle $n \in N$ richtig.
Damit sind drei Schritte durchzuführen:

(1) Der *Induktionsanfang:* Überprüfung der Gültigkeit für n = 1.

(2) Die *Induktionsannahme:* Die Gültigkeit der Behauptung wird für irgendein n = k angenommen.

(3) Der *Induktionsschluss:* Für n = k+1 wird unter Verwendung der Induktionsannahme die Behauptung nachgerechnet.

Wenn sich nun die Behauptung für n = k + 1 als richtig erweist, dann gilt sie für alle $n \in N$.

Beweis zu (4) durch vollständige Induktion (n > 1):

Induktionsanfang: $n = 2$: $F_1^2 + F_2^2 = F_3$, also: $1 + 1 = 2$ richtig.

Induktionsannahme: Die Behauptung sei für $n = k$ richtig, also gelte: $F_{k-1}^2 + F_k^2 = F_{2k-1}$.

Induktionsschluss: $n = k + 1$:
der zu untersuchende Ausdruck von (4) ist: $F_k^2 + F_{k+1}^2$
und soll, wenn die Behauptung richtig ist, unter Benutzung der Induktionsannahme die Beziehung (4) für k + 1 ergeben.

Dazu wird $F_k^2 + F_{k+1}^2$ schrittweise umgeformt:
$F_k^2 + F_{k+1}^2 = F_k^2 + (F_k + F_{k-1})^2 = F_k^2 + F_k^2 + F_{k-1}^2 + 2F_kF_{k-1} =$
$= F_k^2 + 2F_kF_{k-1} + (F_k^2 + F_{k-1}^2)$.

Nun wird die Induktionsannahme: $F_{k-1}^2 + F_k^2 = F_{2k-1}$ benutzt, so dass der letzte Ausdruck

$F_k^2 + 2F_kF_{k-1} + (F_k^2 + F_{k-1}^2) = F_k^2 + 2F_kF_{k-1} + F_{2k-1}$ wird.

Durch quadratische Ergänzung erhält man:

$F_k^2 + 2F_kF_{k-1} + F_{2k-1} = (F_k + F_{k-1})^2 - F_{k-1}^2 + F_{2k-1} =$
$= (F_{k+1})^2 - F_{k-1}^2 + F_{2k-1} = (F_{k+1} + F_{k-1})(F_{k+1} - F_{k-1}) + F_{2k-1} =$
$= L_k F_k + F_{2k-1} = F_{2k} + F_{2k-1} = F_{2k+1} = F_{2(k+1)-1}$, d.h. es ist

$$F_k^2 + F_{k+1}^2 = F_{2(k+1)-1},$$

somit ist die Behauptung (4) für n = k+1 unter der Annahme der Richtigkeit für n = k gültig, also für alle $n \in N$, n > 1, richtig.

Damit sind (3a-d) äquivalente Ausdrücke für den Quotienten $\dfrac{F_{3n}}{F_n}$.

Weiter zeigt sich, dass alle Fibonacci-Zahlen F_i mit einem Index $i = 3n$, $n \in N$, auch durch $F_3 = 2$ teilbar und damit geradzahlig sind.
Behauptet wird also die folgende Teilbarkeitsregel:

Teilbarkeit der Fibonacci-Zahlen durch 2:

Satz: *Alle Fibonacci-Zahlen mit einem durch 3 teilbaren Index $i = 3 \cdot n$ sind geradzahlig.*

Die Behauptung lässt sich mit $F_3 = 2$ wie folgt formulieren:

$$\frac{F_{3n}}{2} = \frac{F_{3n}}{F_3} \in N \quad \text{für alle } n \in N. \qquad (5)$$

Dann gibt es für alle $n \in N$ ein $H_{3n} \in N$, mit

$$H_{3n} = \frac{F_{3n}}{2} \in N,$$

also:
$$F_{3n} = F_3 \cdot H_{3n} \quad \text{bzw.:} \quad F_{3n} = 2 H_{3n} \qquad (6)$$

Die Behauptung lässt sich durch vollständige Induktion beweisen:

Behauptung: $\dfrac{F_{3n}}{2} = \dfrac{F_{3n}}{F_3} \in N.$

Beweis:

Induktionsanfang: Für $n = 1$ ist die Behauptung richtig: $F_{3n} = F_3$ und somit $F_3 : F_3 = 1 \in N.$

Induktionsannahme: Die Behauptung sei richtig für $n = k$, d.h.
$$F_{3k} = 2 H_{3k}, \text{ bzw. } H_{3k} = \frac{F_{3k}}{2} \in N, k \in N.$$

Induktionsschluss n = k+1: Für n = k+1 ergibt sich aus der rekursiven Definition der Fibonacci-Zahlen I(14):
$$F_{3(k+1)} = F_{3k+3} = F_{3k+2} + F_{3k+1} = 2F_{3k+1} + F_{3k}.$$

Verwenden der Induktionsannahme $F_{3k} = 2H_{3k}$ ergibt
$$F_{3(k+1)} = 2F_{3k+1} + 2H_{3k} = 2(F_{3k+1} + H_{3k}),$$

also $F_{3(k+1)}$ durch 2 teilbar, wzbw.
Also ist die Behauptung auch für n = k + 1 und damit für alle n ϵ N richtig.

Damit ist gezeigt, dass Fibonacci-Zahlen genau dann geradzahlig sind, wenn ihr Index durch 3 teilbar ist.

Dies gilt dann auch für die äquivalenten Darstellungen (3a-d) von F_{3n}, die aus der Teilbarkeit durch F_n folgen.

Beispiel für n = 13, (vgl.Tabelle 1, Anhang):

(3a) $F_{3n} = F_n(L_{2n} + (-1)^n)$ geradzahlig für alle n ϵ N.

$F_{39} = F_{13}(L_{26} - 1) = 233*271442 = 63245986.$

(3b) $F_{3n} = F_n(L_n^2 + (-1)^{n+1})$ geradzahlig für alle n ϵ N.

$F_{39} = F_{13}(L_{13}^2 + 1) = 233*(521^2 + 1) = 63245986.$

(3c) $F_{3n} = F_n(F_{2n+1} + L_n F_{n-1})$ geradzahlig für alle n ϵ N.

$F_{39} = F_{13}(F_{27} + L_{13}F_{12}) = 233*(196418 + 521*144).$

(3d) $F_{3n} = F_n(F_{2n+1} + F_{2n-1} + (-1)^n)$ geradzahlig für n ϵ N.

$F_{39} = F_{13}(F_{27} + F_{25} - 1) = 233*(196418 + 75024).$

Zusammengefasst gilt für jede Fibonacci-Zahl F_{3n} mit einem durch 3 teilbaren Index i = 3n :

F_{3n} ist durch $F_3 = 2$ teilbar, also geradzahlig, d.h.:

$$\frac{F_{3n}}{F_3} = \frac{F_{3n}}{2} \in N.$$

F_{3n} ist durch F_n teilbar, d.h.:

$$\frac{F_{3n}}{F_n} \in N.$$

Die so bestimmten Teiler von F_{3n} sind Fibonacci-Zahlen, im Folgenden Fibonacci-Teiler genannt.

Der jeweilige Wert der Quotienten ist im Allgemeinen keine Fibonacci-Zahl.

Beispiele: (vgl.Tabelle 2, Anhang)

n = 2: $F_6 = 8$ hat die Fibonacci-Teiler F_3 und F_2. ($H_6 = 4$)

Dabei ist $\dfrac{F_6}{F_3} = H_6 = 4$ und:

$$\frac{F_6}{F_2} = 8 = L_4 + (-1)^2 = 7 + 1.$$

n = 13: $F_{3*13} = 2*233*135721$ hat die Fibonacci-Teiler F_3 und F_{13}.

Es ist $\dfrac{F_{3*13}}{F_3} = \dfrac{F_{39}}{2} = 233*135721$ und

$$\frac{F_{3*13}}{F_{13}} = \frac{F_{39}}{233} = L_{2*13} - 1 = 2*135721.$$

3. Fibonacci-Zahlen mit einem Index i = (k+1)n $\;(k, n \in N)$

Aus dem Vorherigen ist bekannt, dass die Polynomdivision

$$\frac{F_{(k+1)n}}{F_n} = \frac{\alpha^{(k+1)n} - \beta^{(k+1)n}}{\alpha^n - \beta^n} \quad \text{für}$$

k = 1 $\quad \dfrac{F_{2n}}{F_n} = \dfrac{\alpha^{2n} - \beta^{2n}}{\alpha^n - \beta^n} = L_n$, also (1) ergibt,

für

k = 2 $\quad$ zu $\quad \dfrac{F_{3n}}{F_n} = \dfrac{\alpha^{3n} - \beta^{3n}}{\alpha^n - \beta^n} = L_{2n} + (-1)^n \quad$ (3) führt.

Setzt man das Verfahren fort, so ergibt sich für k > 2 :

k = 3: $\quad \dfrac{F_{4n}}{F_n} = \dfrac{\alpha^{4n} - \beta^{4n}}{\alpha^n - \beta^n} = \alpha^{3n} + \alpha^{2n}\beta^n + \alpha^n\beta^{2n} + \beta^{3n} =$

$$= (\alpha^{3n} + \beta^{3n}) + \alpha^n \beta^n (\alpha^n + \beta^n),$$

also: $\quad \dfrac{F_{4n}}{F_n} = L_{3n} + (-1)^n L_n$.

k = 4: $\quad \dfrac{F_{5n}}{F_n} = \dfrac{\alpha^{5n} - \beta^{5n}}{\alpha^n - \beta^n} = \alpha^{4n} + \alpha^{3n}\beta^n + \alpha^{2n}\beta^{2n} + \alpha^n\beta^{3n} + \beta^{4n}$

$$= (\alpha^{4n} + \beta^{4n}) + \alpha^n \beta^n (\alpha^{2n} + \beta^{2n}) + \alpha^{2n}\beta^{2n} \;,$$

also: $\quad \dfrac{F_{5n}}{F_n} = L_{4n} + (-1)^n L_{2n} + (-1)^{2n}$.

Analog erhält man für

k = 5:

$$\frac{F_{6n}}{F_n} = \frac{\alpha^{6n}-\beta^{6n}}{\alpha^n-\beta^n} = \alpha^{5n}+\alpha^{4n}\beta^n+\alpha^{3n}\beta^{2n}+\alpha^{2n}\beta^{3n}+\alpha^n\beta^{4n}+\beta^{5n}$$

und durch entsprechende Umordnung:

(man ordnet im letzten Ausdruck wieder den ersten und letzten Term zusammen, so erhält man mit II(1) für das Binom ($\alpha^{5n} + \beta^{5n}$) den Wert L_{5n}, sodann klammert man aus dem zweiten und vorletzten Term $\alpha^n\beta^n = (-1)^n$ aus, weiter aus dem dritten und drittletzten Term den Faktor $\alpha^{2n}\beta^{2n} = +1$.)

das Ergebnis:

$$\frac{F_{6n}}{F_n} = L_{5n} +(-1)^n L_{3n}+(-1)^{2n} L_n = L_{5n} +(-1)^n L_{3n}+ L_n .$$

Allgemein ergibt die Polynomdivision für $\dfrac{F_{(k+1)n}}{F_n}$ die k + 1 Summanden:

$$\frac{\alpha^{(k+1)n}-\beta^{(k+1)n}}{\alpha^n-\beta^n} = \sum_{i=0}^{i=k} \alpha^{(k-i)*n}\beta^{i*n} . \qquad (7)$$

Ausgeschrieben ist das die Summe:

$$\alpha^{kn}+\alpha^{(k-1)n}\beta^n+\alpha^{(k-2)n}\beta^{2n}+...\alpha^n\beta^{(k-1)n}+\beta^{kn},$$

und man erhält damit durch analoge paarweise Zusammenstellung der Summanden mithilfe II(1) und I(8) eine Summe von Lucas-Zahlen, multipliziert mit Potenzen von (-1).

Dabei entsteht für (k + 1) geradzahlig, also *ungerades k*, in der Summe (7) eine gerade Anzahl von Summentermen, die paarweise zusammengenommen (k + 1)/2 Lucas-Zahlen erzeugen, so dass

$$\frac{F_{(k+1)n}}{F_n} = \frac{\alpha^{(k+1)n} - \beta^{(k+1)n}}{\alpha^n - \beta^n} =$$

$$= L_{kn} + (-1)^n L_{(k-2)n} + (-1)^{2n} L_{(k-4)n} + \ldots + (-1)^{(k-1)*n/2} L_n \tag{8}$$

wird.

Für (k+1) ungeradzahlig, also *gerades k*, hat die Summe (7) eine ungerade Anzahl von Summanden und es bleibt nach der paarweisen Zusammenstellung der Lucas-Terme genau der Term

$$(\alpha^{k/2} \beta^{k/2})^n = (-1)^{kn/2}$$

übrig, der alleine natürlich keine Lucas-Zahl generiert.

Daher wird (7) in diesem Fall zu:

$$\frac{F_{(k+1)n}}{F_n} =$$
$$= L_{kn} + (-1)^n L_{(k-2)n} + (-1)^{2n} L_{(k-4)n} + \ldots + (-1)^{k/2*n}. \tag{8'}$$

Analog der in II,4. beschriebenen Zerlegung der Fibonacci-Zahlen in eine Lucas-Summe lässt sich daher auch der allgemeine Quotient $\frac{F_{(k+1)n}}{F_n}$ für alle $k > 1$, $k, n \in N$, in folgender Summe zusammenfassen:

$$\frac{F_{(k+1)n}}{F_n} = \sum_{i=0}^{[k/2]} (-1)^{i*n} L_{(k-2i)*n}. \tag{8''}$$

Dabei wird von i = 0 bis i = [k/2], d.h. bis zur größten ganzen Zahl, die k/2 nicht überschreitet, summiert.

Das heißt, für k + 1 gerade, k > 1, also *ungeradzahliges k* läuft i von 0 bis [k/2] = k/2-1/2, also wird von i = 0 bis (k-1)/2 summiert, so dass der letzte Term

$$(-1)^{(k-1)n/2} L_{(k-(k-1))n} = (-1)^{(k-1)n/2} L_n$$

wie in (8) ist.

Für (k+1) ungerade, k gerade, ist k/2 eine ganze Zahl, also wird von i = 0 bis i = k/2 summiert. Der letzte Term ergibt dann:

$$(-1)^{k/2*n} L_{(k-k)n} .$$

Hierbei ist wieder wie in II(12) der Hilfswert $L_0 = 1$ einzuführen, um den letzten Term von (8') zu realisieren:

$$(-1)^{k/2*n} L_0 = (-1)^{k/2*n} .$$

Mit (8) ist gezeigt, dass der Wert des Quotienten $\dfrac{F_{(k+1)n}}{F_n}$ stets gleich dem Wert einer Summe aus Termen der Form $(-1)^{i*n} L_{(k-2i)*n}$ ist, die in Abhängigkeit vom Exponent n positive oder negative ganze Zahlen sind.

Die Summe muss unabhängig von n stets einen positiven Wert ergeben, da ein Quotient positiver Zahlen dargestellt wird.

Dies ist sofort zu sehen, wenn der Teiler F_n einen *geradzahligen* Index n hat:
Für gerades n sind nämlich unabhängig von k die Exponenten aller vorkommenden Potenzen von (-1) stets geradzahlig und somit ist (8) eine Summe aus lauter Lucas-Zahlen, bzw. einem Summanden +1, also der Wert der Summe eine natürliche Zahl.

Das heißt, die Summe (8) lautet für alle k > 1, $k \in N$ und für jedes gerade $n \in N$:

$$n \text{ gerade:} \quad \frac{F_{(k+1)n}}{F_n} =$$

$$= L_{kn} + L_{(k-2)n} + L_{(k-4)n} + L_{(k-6)n} + \ldots + \ldots + L_{(k-2[k/2])n} \in N. \tag{9}$$

Ist der Index n des Teilers F_n eine *ungerade* Zahl, wird (8'') für alle k > 1, $k \in N$ eine Summe aus alternierend positiven und negativen Termen:

$$n \text{ ungerade:} \quad \frac{F_{(k+1)n}}{F_n} =$$

$$= L_{kn} - L_{(k-2)n} + L_{(k-4)n} - L_{(k-6)n} + \ldots - \ldots + (-1)^{[k/2]n} L_{(k-2[k/2])n}. \tag{9'}$$

Der Wert jeder der Differenzen

$$\left(L_{kn} - L_{(k-2)n} \right), \left(L_{(k-4)n} - L_{(k-6)n} \right), \ldots$$

ist stets positiv, da jeweils der Minuend eine Lucas-Zahl mit größerem Index und somit größer als der Subtrahend ist.

Bleibt noch zu betrachten, wie sich übriggebliebene Terme verhalten.

Ist die Anzahl der Terme gerade, so lässt sich die gesamte Summe (9') vollständig in eine Summe von Differenzen verwandeln, deren Wert jeweils positiv ist.
Dies gilt auch, wenn die letzte Differenz eine Lucas-Zahl minus 1 ist.

In allen anderen Fällen bleibt entweder eine Lucas-Zahl allein übrig, die zu der positiven Summe der Differenzen addiert wird, oder der letzte Term ist gleich +1, so dass jeweils der Gesamtwert der Summe positiv ist.

Die Entwicklung von $\dfrac{F_{(k+1)n}}{F_n}$ in eine Lucas-Summe hat gezeigt, dass das Ergebnis stets eine positive ganze, also eine natürliche Zahl ist. Es gilt also (8") und somit der Satz:

Satz: *Für jede Fibonacci-Zahl F_n, $n \in N$, gilt: F_n ist Teiler aller Fibonacci-Zahlen $F_{(k+1)n}$ mit Index $(k+1)n$, $k \in N$ und es ist:*

$$\frac{F_{(k+1)n}}{F_n} = \sum_{i=0}^{[k/2]} (-1)^{i*n} L_{(k-2i)*n}, \quad k > 1. \qquad (9")$$

Der Fall k = 1, der in der Summenformel (8") für [k/2] = 0 die leere Summe zur Folge hätte und somit von den obigen Betrachtungen ausgenommen wurde, ist bereits am Anfang dieses Abschnitts gesondert untersucht.

Dort ist gezeigt, dass sich für k = 1: $\dfrac{F_{2n}}{F_n} = \dfrac{\alpha^{2n} - \beta^{2n}}{\alpha^n - \beta^n} = L_n$, also (1) ergibt.

Somit lassen sich für $k \in N$ die Quotienten $\dfrac{F_{(k+1)n}}{F_n}$ durch die entsprechenden Lucas-Summen (9") darstellen.

Für k = 2 ist (9"): $\qquad \dfrac{F_{3n}}{F_n} = L_{2n} + (-1)^n \qquad$ (3a) im letzten Abschnitt diskutiert.

Für k = 3 ist (9"): $\qquad \dfrac{F_{4n}}{F_n} = L_{3n} + (-1)^n L_n.$

Es sollen nun noch einmal die Lucas-Summen für $3 \leq k \leq 6$ mit Beispielen jeweils für n = 3 und n = 4 dargestellt werden:

Beispiele:

k = 3: $\quad \dfrac{F_{4n}}{F_n} = L_{3n} + (-1)^n L_n,$

n = 3: $\quad \dfrac{F_{12}}{F_3} = \dfrac{144}{2} = L_9 - L_3 = 76 - 4 = 72,$

n = 4: $\quad \dfrac{F_{16}}{F_4} = \dfrac{987}{3} = L_{12} + L_4 = 322 + 7 = 329.$

k = 4: $\quad \dfrac{F_{5n}}{F_n} = L_{4n} + (-1)^n L_{2n} + (-1)^{2n},$

n = 3: $\quad \dfrac{F_{15}}{F_3} = \dfrac{610}{2} = L_{12} - L_6 + 1 = 322 - 18 + 1 = 305,$

n = 4: $\quad \dfrac{F_{20}}{F_4} = \dfrac{6765}{3} = L_{16} + L_8 + 1 = 2207 + 47 + 1 = 2255.$

k = 5: $\quad \dfrac{F_{6n}}{F_n} = L_{5n} + (-1)^n L_{3n} + (-1)^{2n} L_n,$

n = 3: $\quad \dfrac{F_{18}}{F_3} = \dfrac{2584}{2} = L_{15} - L_9 + L_3 = 1364 - 76 + 4 = 2584,$

n = 4:

$\dfrac{F_{24}}{F_4} = \dfrac{46368}{3} = L_{20} + L_{12} + L_4 = 15127 + 322 + 7 = 15456.$

k = 6: $\quad \dfrac{F_{7n}}{F_n} = L_{6n} + (-1)^n L_{4n} + (-1)^{2n} L_{2n} + (-1)^{3n}$,

n = 3:

$$\dfrac{F_{21}}{F_3} = \dfrac{10946}{2} = L_{18} - L_{12} + L_6 - 1 = 5778 - 322 + 18 - 1 = 5473,$$

n = 4:

$$\dfrac{F_{28}}{F_4} = \dfrac{317811}{3} = L_{24} + L_{16} + L_8 + 1 = 103682 + 2207 + 47 + 1$$
$$= 105937.$$

Anmerkung:

Bei der Untersuchung der Teilbarkeit von F_{2n} wurde am Ende festgestellt, dass die Fibonacci-Zahlen F_2 und F_n Teiler von F_{2n} sind. Im vorigen Abschnitt wurde gezeigt, dass F_{3n} die Teiler F_3 und F_n hat.

Dies legt die Vermutung nahe, dass auch $F_{(k+1)n}$ nicht nur - wie gezeigt - durch F_n teilbar ist, sondern auch durch F_{k+1}.

In der Tat findet man beim letzten Beispiel zu F_{21}, dass außer F_3, (s.o.), auch F_7 Teiler von F_{21} ist.

Da nun die Rollen von n und k+1 vertauscht sind, ist in diesem Beispiel die Formel (8') für k + 1 = 3, also ungerade und somit für k = 2, n = 7 anzuwenden:

$$\dfrac{F_{21}}{F_7} = \dfrac{10946}{13} = L_{14} - 1 = 843 - 1.$$

Demnach gilt in diesem Fall:

$$F_3 \text{ Teiler von } F_{21} \text{ und } F_7 \text{ Teiler von } F_{21}.$$

Dieser Sachverhalt legt die Vermutung nahe, dass allgemein eine Fibonacci-Zahl F_m dann Teiler einer anderen Fibonacci-Zahl F_i ist, wenn ihr Index m Teiler von i ist.

4. Fibonacci-Zahlen mit einem Index i = m*n

<u>**Satz:**</u> *lässt sich der Index i einer Fibonacci-Zahl F_i in ein Produkt m*n mit $m, n \in N$ zerlegen, so gilt:*

$$\text{für } i = m*n : (a) \ \frac{F_{mn}}{F_m} \in N, \text{ sowie } (b) \ \frac{F_{mn}}{F_n} \in N. \qquad (10)$$

Zum Beweis der Behauptung (10), dass sowohl F_m als auch F_n Teiler von F_{mn} sind, genügt es zu zeigen, dass für ein beliebiges festgewähltes m für alle n gilt:

(a) $\quad m \in N \text{ vorgegeben} \Rightarrow \dfrac{F_{mn}}{F_m} \in N \text{ für alle } n \in N.$ (10a)

Aussage (b) von (10) ist dann ebenfalls klar, weil nur die Rollen von m und n vertauscht sind:

(b) $\quad n \in N \text{ vorgegeben} \Rightarrow \dfrac{F_{nm}}{F_n} \in N \text{ für alle } m \in N.$ (10b)

Beweis von (10a):

Es werde ein beliebiges $m \in N$ festgelegt.
Die Richtigkeit der Behauptung (10a) für alle n ϵ N wird durch vollständige Induktion über n gezeigt.

Induktionsanfang: für $n = 1$ ist $F_{mn} = F_m$ $\Rightarrow \dfrac{F_m}{F_m} \epsilon\ N$,

somit ist die Behauptung für n = 1 richtig.

Induktionsannahme:
Die Behauptung sei richtig für $n = k$: also: $F_{mk} = tF_m$, t ϵ N.

Induktionsschluss: $n = k + 1$:

Für n = k+1 wird $F_{m(k+1)}$ umgeformt und zwar unter fortgesetzter Anwendung der rekursiven Definition I(14):

$$F_{m(k+1)} = F_{mk+m} = F_{mk+m-1} + F_{mk+m-2}$$

Zerlegt man weiter den jeweils größeren Summanden in die Summe der vorangehenden Terme der Fibonacci-Folge, so erhält man in den nächsten Schritten:

$$\begin{aligned} F_{m(k+1)} = F_{mk+m} &= F_{mk+m-1} + F_{mk+m-2} = \\ &= 2 \cdot F_{mk+m-2} + F_{mk+m-3} = \\ &= 3 \cdot F_{mk+m-3} + 2 \cdot F_{mk+m-4} = \\ &= 5 \cdot F_{mk+m-4} + 3 \cdot F_{mk+m-5} = \ldots . \end{aligned}$$

Setzt man das Verfahren fort, so ist ersichtlich, dass die Koeffizienten der beiden Summanden ihrerseits die Fibonacci-Folge durchlaufen.

In jedem weiteren Schritt ist nämlich der Koeffizient des vorderen Terms genau die Summe der beiden Koeffizienten des vorangehenden Ausdrucks.

Damit erfüllen die Koeffizienten ebenfalls I(14), d.h. die fortlaufende Entwicklung lautet dann:

$$\begin{aligned} F_{m(k+1)} = F_{mk+m} &= F_{mk+m-1} + F_{mk+m-2} = \\ &= F_3 \cdot F_{mk+m-2} + F_{mk+m-3} = \\ &= F_4 \cdot F_{mk+m-3} + F_3 \cdot F_{mk+m-4} = \\ &= F_5 \cdot F_{mk+m-4} + F_4 \cdot F_{mk+m-5} = \ldots . \end{aligned}$$

Nach m Schritten erhält man dann für $F_{m(k+1)}$:

$$F_{m(k+1)} = F_{m+1} \cdot F_{mk} + F_m \cdot F_{mk-1}$$

Setzt man nun für $F_{mk} = t F_m$ (gemäß der Induktionsannahme), so wird obiger Ausdruck:

$$F_{m(k+1)} = F_{m+1} \cdot t F_m + F_m \cdot F_{mk-1}.$$

Auf der rechten Seite lässt sich F_m ausklammern, so dass

$$F_{m(k+1)} = F_m (F_{m+1} t + F_{mk-1}).$$

Da auch die Klammer ($F_{m+1} t + F_{mk-1}$) eine ganze Zahl ist, ist unter der Annahme, dass F_m Teiler von F_{mk} ist (Induktionsannahme für n = k), gezeigt, dass der behauptete Sachverhalt auch für n = k + 1 gilt.

Damit gilt: F_m ist Teiler von F_{mn} für alle $n \in N$, wzbw.

Die Wahl von m war dabei beliebig, so dass auch für jedes m die Aussage für alle n richtig ist.
Vertauscht man die Rolle von m und n, so ist auch (10b) klar.

Also gilt der Satz:

Satz: *Jede Fibonacci-Zahl F_m ist Teiler einer Fibonacci-Zahl F_i, wenn $i = n*m$ ist.*

Insbesondere gilt dies für jede beliebige Zerlegung von i in zwei natürliche Faktoren, so dass die Anzahl der Fibonacci-Teiler von F_i abhängt von der Anzahl der Teiler von i.

Daraus folgt:

Satz: *Zu einer Fibonacci-Zahl mit Index i sind die möglichen Fibonacci-Teiler diejenigen Fibonacci-Zahlen, deren Indizes Teiler der Zahl i sind.*

Um die Fibonacci-Teiler einer Fibonacci-Zahl zu finden, hat man also die Teilermenge von i zu erstellen und zu jedem Teiler von i die entsprechende Fibonacci-Zahl zu suchen.

Beispiel:

Die Teilermenge von 30 ist: { 1; 2; 3; 5; 6; 10; 15; 30 }.

Dann hat die Fibonacci-Zahl F_{30} = 832040 die 8 Fibonacci-Teiler:

[$F_1 = 1$], [$F_2 = 1$], $F_3 = 2$, $F_5 = 5$, $F_6 = 8$, $F_{10} = 55$, $F_{15} = 610$, [$F_{30} = 832040$]; (eingeklammert: die unechten Teiler).

Weitere Fibonacci-Teiler gibt es nicht, alle anderen Teiler von F_{30} = 832040 sind keine Fibonacci-Zahlen (Nicht-Fibonacci-Teiler).

Allgemein lässt sich jeder Quotient $\dfrac{F_{mn}}{F_n}$ aus (8") berechnen, wenn für k + 1 = m gesetzt wird:

$$\frac{F_{mn}}{F_n} = \sum_{v=0}^{[(m-1)/2]} (-1)^{v*n} L_{((m-1)-2v)*n} , \qquad (10')$$

(mit der Hilfsgröße $L_0 = 1$), das ist ausgeschrieben die Summe:

$$L_{(m-1)n} + (-1)^n L_{(m-3)n} + (-1)^{2n} L_{(m-5)n} + (-1)^{3n} L_{(m-7)n} + \ldots$$

$$+ (-1)^{[(m-1)/2]n} L_{((m-1)-2[(m-1)/2])n} = \frac{F_{mn}}{F_n}.$$

(10")

Beispiel:

Zu den 5 echten Fibonacci-Teilern von $F_{30} = 832040$, das sind (vgl. voriges Beisp.): $F_{15} = 610$, $F_{10} = 55$, $F_6 = 8$, $F_5 = 5$, $F_3 = 2$, ergeben sich der Reihe nach die folgenden 5 Quotienten:

$$\frac{F_{30}}{F_{15}} = L_{15} = 1364, \text{ denn für m = 2, n = 15 gilt}: \quad \frac{F_{2n}}{F_n} = L_n.$$

$$\frac{F_{30}}{F_{10}} = L_{20} + 1 = 15128, \quad \text{mit m = 3, n = 10, also:}$$

$$\text{Summe von } \nu = 0 \text{ bis } \nu = \left[\frac{m-1}{2}\right] = 1.$$

$$\frac{F_{30}}{F_6} = L_{24} + L_{12} + 1 = 104005, \quad \text{mit m = 5, n = 6, also:}$$

$$\text{Summe von } \nu = 0 \text{ bis } \nu = \left[\frac{5-1}{2}\right] = 2.$$

$$\frac{F_{30}}{F_5} = L_{25} - L_{15} + L_5 = 166408, \quad \text{mit m = 6, n = 5, also:}$$

$$\text{Summe von } \nu = 0 \text{ bis } \nu = \left[\frac{6-1}{2}\right] = 2.$$

$$\frac{F_{30}}{F_3} = L_{27} - L_{21} + L_{15} - L_9 + L_3 = 416020, \quad m = 10, n = 3,$$

$$\text{Summe von } \nu = 0 \text{ bis } \nu = [4,5] = 4.$$

Die Ergebnisse der Divisionen sind übrigens keine Fibonacci-Zahlen.

Darüber hinaus hat $F_{30} = 832040$ natürlich noch weitere Teiler, die keine Fibonacci-Zahlen, also Nicht-Fibonacci-Teiler sind:

Da für jede Primfaktorzerlegung $N = t_1^\mu t_2^\nu ... t_s^\kappa$ gilt, dass die Anzahl A der Teiler von N wie oben gleich $A = (\mu+1)\cdot(\nu+1)...(\kappa+1)$ ist, folgt für $F_{30} = 2^3 * 5 * 11 * 31 * 61$: F_{30} hat genau $4*2*2*2*2 = 64$ Teiler.

Dies sind (ohne 1 und 832040) genau 62 echte Teiler. Ohne die 5 echten Fibonacci-Teiler hat F_{30} also noch 57 Teiler, die keine Fibonacci-Zahlen sind. Darunter befinden sich beispielsweise die Primfaktoren 11, 31 und 61. -

Aus dem Bisherigen lassen sich allgemein folgende spezielle Teilbarkeitsaussagen für die Fibonacci-Zahlen treffen:

Teilbarkeit durch 2:
Alle Fibonacci-Zahlen mit Index $i = 3 \cdot n$ sind durch $F_3 = 2$ teilbar.

Teilbarkeit durch 3:
Alle Fibonacci-Zahlen mit Index $i = 4 \cdot n$ sind durch $F_4 = 3$ teilbar.

Teilbarkeit durch 5:
Alle Fibonacci-Zahlen mit Index $i = 5 \cdot n$ sind durch $F_5 = 5$ teilbar.

Weiter ist klar, dass für nichtprime Fibonacci-Teiler gilt:

Satz: *Alle Fibonacci-Zahlen, die einen nichtprimen Fibonacci-Teiler haben, sind auch durch alle Teiler dieses Fibonacci-Teilers teilbar.*

Beispiel:

Für m = 8 sind die Fibonacci-Zahlen F_{16}, F_{24}, ..., F_{8n} durch F_8 = 21 teilbar. Damit sind auch alle Fibonacci-Zahlen F_{8n} durch 7 und 3 (s.Teilbarkeitsregel durch 3) teilbar.

Anmerkung:

Es lassen sich also weitere Teilbarkeitsregeln angeben für Teiler, die keine Fibonacci-Zahlen, also Nicht-Fibonacci-Teiler sind:

Teilbarkeit durch 7:
  Alle Fibonacci-Zahlen mit Index i = 8·n sind durch 7 teilbar,
  da der Teiler F_8 = 21 durch 7 teilbar ist .
  (dabei ist 7 keine Fibonacci-Zahl, also kein Fibonacci-Teiler).

Teilbarkeit durch 11:
  Alle Fibonacci-Zahlen mit Index i = 10·n sind durch 11 teilbar,
  da der Teiler F_{10} = 55 durch 11 teilbar ist.
  (11 ist kein Fibonacci-Teiler).

Teilbarkeit durch 13:
  Alle Fibonacci-Zahlen mit Index i = 7·n sind durch 13 teilbar,
  da F_7 = 13 Fibonacci-Teiler von F_{7n} ist.

usw.

Allgemein gilt für die Teilbarkeit durch eine beliebige Primzahl, die in der Primzahlzerlegung einer Fibonacci-Zahl vorkommt:

Teilbarkeit durch eine Primzahl P > 13:
  Alle Fibonacci-Zahlen F_i mit Index i = nx sind durch P teilbar, wenn F_x die kleinste Fibonacci-Zahl ist, die in der Primzahlzerlegung P enthält.

Beispiele (vgl. Tabelle 2, Anhang):

- Die kleinste Fibonacci-Zahl, die in der Primfaktorzerlegung die Primzahl P = 23 enthält, ist $F_x = F_{24} = 46368 = 2^5 *3^2 *7*\mathbf{23}$.
Dann ist P = 23 auch Teiler vom F_{48}, von F_{72} ... , F_{n*24}.

- Die kleinste Fibonacci-Zahl, die die Primzahl **29** in ihrer Primfaktorzerlegung enthält, ist $F_{14} = 377 = 29 *F_7 = \mathbf{29}*13$.
Damit sind alle Fibonacci-Zahlen mit Index i = 14n sowohl durch die Fibonacci-Teiler F_7 und F_{14} als auch durch durch den Nicht-Fibonacci-Teiler 29 teilbar:
$F_{28} = 3*13*\mathbf{29}*281$, $\qquad F_{42} = 2^3 *13*\mathbf{29}*211*421$,
$F_{56} = 3*7^2 *13*\mathbf{29}*281*14503$, $\qquad F_{70} = 5*11*13*\mathbf{29}*71*911*141961$,

- Die kleinste Fibonacci-Zahl, die die Primzahl **281** in ihrer Primfaktorzerlegung enthält, ist F_{28} und erscheint daher in F_{28n}, $n \in N$, also auch in F_{56} (s.o.), F_{84}, usw.

5. Anzahl der Fibonacci-Teiler von F_i

Aus (10) ergeben sich allgemein folgende Aussagen für Fibonacci-Teiler:

Satz: *Für jeden Teiler t einer natürlichen Zahl i gilt: die Fibonacci-Zahl mit Index t ist Teiler der Fibonacci-Zahl mit Index i.*

Denn für t Teiler von i gilt: i = tn, $t, n \in N$, also mit (10):

$$\frac{F_i}{F_t} = \frac{F_{tn}}{F_t} \in N .$$

Daraus folgt zunächst:
es gibt *mindestens* so viele Fibonacci-Teiler von F_i wie die Anzahl der Teiler von i angibt.

Die Anzahl der Teiler von i ist aus der Primzahlzerlegung von i bekannt:

Sind alle p Primfaktoren der Zerlegung von i verschieden, hat i genau 2^p-2 echte Teiler (ohne 1 und i).
Dies ist dann auch die Mindestanzahl der Fibonacci-Teiler von F_i.

Treten in der Primfaktorzerlegung von i ein oder mehrere Faktoren mehrfach auf, also $i = t_1^\mu t_2^\nu ... t_s^\kappa$, so folgt, dass die Anzahl z der Teiler von i gleich der Anzahl A der möglichen verschiedenen Kombinationen von Primfaktoren ist, für die gilt: $A = (\mu+1)(\nu+1)...(\kappa+1)$. Somit gibt dann diese Zahl A die Mindestanzahl der Fibonacci-Teiler von F_i an.

Wenn es zu der Fibonacci-Zahl F_i keine weiteren Fibonacci-Teiler gibt, dann ist die Anzahl der Fibonacci-Teiler *höchstens* so groß ist wie die Anzahl z der Teiler des Index i, so dass dann der Satz gilt:

Satz: *Die Anzahl der Fibonacci-Teiler einer Fibonacci-Zahl F_i ist genau gleich der Anzahl der Teiler des Index i.*

Zu zeigen ist demnach noch, dass es über die Mindestanzahl von Fibonacci-Teilern hinaus, die durch die Anzahl der Teiler von i gegeben ist, keine weitere Fibonacci-Zahl F_r gibt, die Teiler von F_i ist, also keinen Fibonacci-Teiler, dessen Index r nicht Teiler von i ist.

Sei F_i für i > 5 beliebig ($F_1,..., F_5$ haben als Primzahlen keinen echten Teiler).

Zu einer beliebigen Fibonacci-Zahl $F_i > F_5$ ist dann nachzuweisen, dass die Division $\dfrac{F_i}{F_r}$ für kein F_r, $r \in N$, aufgeht, wenn r kein echter Teiler von i ist, wenn also $\dfrac{i}{r} \notin N$, das heißt $i \neq nr$ mit $2 < r < i$ vorausgesetzt wird.

Vorausgesetzt ist r > 2, da r = 2, also $F_2 = 1$, ausgeschlossen werden kann und r < i, da es für r > i grundsätzlich keinen Fibonacci-Teiler F_r von F_i gibt, denn für alle $r, i \in N$, r > i, gilt:

$$r > i \quad \Rightarrow \quad F_r > F_i \quad \Rightarrow \quad \frac{F_i}{F_r} < 1.$$

Damit sind nur Divisionen durch Fibonacci-Zahlen F_r zu untersuchen, für deren Index r gilt:

$$r \in \{3;4;5;...;i\} \text{ und r nicht Teiler des Fibonacci-Index i.}$$

Die Behauptung ist also richtig, wenn für i > 5, $r \in N$, und 2 < r < i, die Division $\dfrac{F_i}{F_r}$ nicht aufgeht, also:

$$\frac{F_i}{F_r} = \frac{\alpha^i - \beta^i}{\alpha^r - \beta^r} \notin N \text{ ist.}$$

Allgemein lässt sich dieser Quotient wie folgt vereinfachen:

$$\frac{F_i}{F_r} = \frac{\alpha^i - \beta^i}{\alpha^r - \beta^r} = \alpha^{i-r} + \beta^{i-r} + \frac{\alpha^{i-r}\beta^r - \alpha^r\beta^{i-r}}{\alpha^r - \beta^r} =$$

$$= L_{i-r} + \frac{\alpha^{i-r}\beta^r - \alpha^r\beta^{i-r}}{\alpha^r - \beta^r}. \quad (11)$$

Ausklammern von $(\alpha\beta) = (-1)$ in der höchsten gemeinsamen Potenz führt zu den Fällen (11a) und (11b):

(a) i - r < r : $\dfrac{F_i}{F_r} = L_{i-r} - (\alpha\beta)^{(i-r)} \dfrac{\beta^{2r-i} - \alpha^{2r-i}}{\alpha^r - \beta^r}$,

weiteres Ausklammern von (-1) ergibt:

$$\frac{F_i}{F_r} = L_{i-r} + (-1)^{i-r+1} \frac{F_{2r-i}}{F_r}, \qquad (11a)$$

(b) r < i - r :
$$\frac{F_i}{F_r} = L_{i-r} + (\alpha\beta)^{(r)} \frac{\alpha^{i-2r} - \beta^{i-2r}}{\alpha^r - \beta^r},$$

somit:
$$\frac{F_i}{F_r} = L_{i-r} + (-1)^r \frac{F_{i-2r}}{F_r}. \qquad (11b)$$

Der Fall (c) r = i - r, also r = i/2, scheidet aus, da nach Voraussetzung r nicht Teiler von i ist.

Zur Untersuchung des jeweiligen Restterms in (11a), bzw.: (11b) muss die Beziehung zwischen r und i weiter ausgewertet werden:

Fall (a):
Die Bedingung von Fall (a): i - r < r ist wegen r < i, also 0 < i - r < r gleichbedeutend mit

$$0 < \frac{i}{r} - 1 < 1 \quad \Leftrightarrow \quad 1 < \frac{i}{r} < 2 \quad \Leftrightarrow$$

$$\Leftrightarrow \quad r < i < 2r, \quad \frac{i}{2} < r < i.$$

bzw.: $r \in \,\,]\,\frac{i}{2}; i\,[\,\cap N.$

Für diesen Bereich gibt es keinen echten Teiler einer Zahl i, da der größte echte Teiler höchstens i/2 ist. Dass dann auch F_r nicht Teiler von F_i gilt, lässt sich leicht zeigen:

Tatsächlich wird in (11a) $\quad \frac{F_i}{F_r} = L_{i-r} + (-1)^{i-r+1} \frac{F_{2r-i}}{F_r}.$

Der Restterm ist ein echter Bruch, denn es gilt:

$$r < i \Rightarrow r - i < 0 \Rightarrow 2r - i < r.$$

Daraus folgt: $\quad 2r - i < r \quad \Rightarrow \quad F_{2r-i} < F_r \quad$ und somit ist:

$$\frac{F_{2r-i}}{F_r} < 1.$$

Also gilt:

Es gibt keinen Fibonacci-Teiler F_r von F_i, wenn $\frac{i}{2} < r < i$ ist.

Beispiel:

Für i = 20 gibt es unter der Bedingung: $\frac{i}{2} < r < i$ nur r aus der Menge: r $\in$ {19; 18; 17; ...; 11}.

Die entsprechenden Divisionen sind nach (11a):

(11a): $\qquad \dfrac{F_i}{F_r} = L_{i-r} + (-1)^{i-r+1} \dfrac{F_{2r-i}}{F_r} \qquad$ für

r = 19: $\quad \dfrac{F_{20}}{F_{19}} = \dfrac{6765}{4181} = L_1 + (-1)^{20-19+1} \dfrac{F_{38-20}}{F_{19}} =$

$$= L_1 + \dfrac{F_{18}}{F_{19}} = 1 + \dfrac{2584}{4181}.$$

r = 18:

$$\dfrac{F_{20}}{F_{18}} = \dfrac{6765}{2584} = L_2 + (-1)^{20-18+1} \dfrac{F_{36-20}}{F_{18}} =$$

$$= L_2 - \dfrac{F_{16}}{F_{18}} = 3 - \dfrac{987}{2584}.$$

...

r = 12:
$$\frac{F_{20}}{F_{12}} = \frac{6765}{144} = L_8 + (-1)^{20-12+1}\frac{F_{24-20}}{F_{12}} =$$
$$= L_8 - \frac{F_4}{F_{12}} = 47 - \frac{3}{144}.$$

r = 11:
$$\frac{F_{20}}{F_{11}} = \frac{6765}{89} = L_9 + (-1)^{20-11+1}\frac{F_{22-20}}{F_{11}} =$$
$$= L_9 + \frac{F_2}{F_{11}} = 76 + \frac{1}{89}.$$

Fall (b):

Die Bedingung ist nun $r < i - r \Leftrightarrow 2r < i \Leftrightarrow r < \frac{i}{2}$
und r kein Teiler von i.

Es ist dann (11b):

$$\frac{F_i}{F_r} = L_{i-r} + (-1)^r \frac{F_{i-2r}}{F_r}.$$

Wenn $\underline{i - 2r < r} \Leftrightarrow i < 3r$, also $\frac{i}{3} < r < \frac{i}{2}$,
dann ist:

$$F_{i-2r} < F_r \Rightarrow \frac{F_{i-2r}}{F_r} < 1,$$

somit wieder ein echter Bruch.

Also ist gesichert, dass auch für $\frac{i}{3} < r < \frac{i}{2}$ *kein* F_r *Teiler von* F_i *ist.*

Beispiel: Für i = 20 gilt für $\frac{i}{3} < r < \frac{i}{2}$: r ∈ {7;8;9}.

r = 9: $\quad \frac{F_{20}}{F_9} = \frac{6765}{34} = L_{11} + (-1)^9 \frac{F_{20-18}}{F_9} = 199 - \frac{1}{34}$,

...

r = 7: $\quad \frac{F_{20}}{F_7} = \frac{6765}{13} = L_{13} + (-1)^7 \frac{F_{20-14}}{F_7} = 521 - \frac{8}{13}$.

Ist dagegen i - 2r > r, also i > 3r, bzw: $r < \frac{i}{3} < \frac{i}{2}$,

demnach $F_{i-2r} > F_r$, bzw.: $\frac{F_{i-2r}}{F_r} > 1$, muss erneut die Polynomdivision durchgeführt werden.

Das Problem reduziert sich also auf die Beziehungen (11), wobei für den neuen Fall schlicht i durch i - 2r ersetzt wird.

Dabei erhält man wieder eine Lucas-Zahl und einen Restterm, der
- entweder kleiner als 1 ist (a), so dass das Problem erledigt ist,
- oder größer als 1 ist, womit der Vorgang der Polynomdivision (b) erneut durchzuführen ist.

Man erhält so:

(a) $\quad \frac{F_{i-2r}}{F_r} = L_{i-3r} + (-1)^{i-3r+1} \frac{F_{4r-i}}{F_r}$,

(b) $\quad \frac{F_{i-2r}}{F_r} = L_{i-3r} + (-1)^r \frac{F_{i-4r}}{F_r}$, (12)

bzw. in $\frac{F_i}{F_r}$ gemäß (11a) bzw. (11b) eingesetzt:

$i - 3r < r:$ $\quad \dfrac{F_i}{F_r} = L_{i-r} + (-1)^r L_{i-3r} + (-1)^{i-2r+1} \dfrac{F_{4r-i}}{F_r},$ $\quad$ (12a)

$i - 3r > r:$ $\quad \dfrac{F_i}{F_r} = L_{i-r} + (-1)^r L_{i-3r} + (-1)^{2r} \dfrac{F_{i-4r}}{F_r}.$ $\quad$ (12b)

Die Bedingung von (12a) ist also: i < 4r, bzw: $\dfrac{i}{4} < r < \dfrac{i}{3}$.

Beispiel:

Für i = 20, $\dfrac{i}{4} < r < \dfrac{i}{3}$, ist nur r = 6 möglich.

r = 6:
$$\dfrac{F_{20}}{F_6} = \dfrac{6765}{8} = L_{14} + (-1)^6 L_{20-18} + (-1)^9 \dfrac{F_{24-20}}{F_6},$$

mit dem Ergebnis: $\quad \dfrac{F_{20}}{F_6} = 843 + 3 - \dfrac{3}{8}.$

Die Bedingung von (12b) ist i > 4r, also $r < \dfrac{i}{4}$, und führt zur Untersuchung des Terms $\dfrac{F_{i-4r}}{F_r}$:

Für i - 4r < r ist $\dfrac{F_{i-4r}}{F_r} < 1$, demnach $\dfrac{F_i}{F_r} \notin N$ für $\dfrac{i}{5} < r < \dfrac{i}{4}$.

Beispiel:

Zu i = 20 gibt es kein r ϵ N, das der Bedingung $\dfrac{i}{5} < r < \dfrac{i}{4}$, also 4 < r < 5 genügt.

Dann ist für $r < \dfrac{i}{5}$, also $5r < i$, bzw. $i - 4r > r$ und somit $\dfrac{F_{i-4r}}{F_r} > 1$ also die Polynomdivision fällig.

Diese wird wieder analog (11) durchgeführt und führt im Beispiel für $r = 3$ nur noch zu R(a):

$$r = 3: \quad \frac{F_{20}}{F_3} = \frac{6765}{2} =$$

$$= L_{17} + (-1)^3 L_{11} + (-1)^6 L_5 + (-1)^9 \frac{F_{20-18}}{F_3}$$

$$= 3571 - 199 + 11 - \frac{1}{2}.$$

Allgemein erhält man nach einer endlichen Anzahl von Schritten:

$$\frac{F_i}{F_r} = L_{i-r} + (-1)^r L_{i-3r} + (-1)^{2r} L_{i-5r} + (-1)^{3r} L_{i-7r} + \ldots +$$
$$+ (-1)^{(k-1)r} L_{i-(2k-1)r} + R, \qquad (13)$$

wobei stets der Restterm $R < 1$, also ein echter Bruch ist, wenn in $\dfrac{F_i}{F_r}$ der Fibonacci-Index r nicht Teiler des Fibonacci-Index i ist.

Analog (11a) und (11b) ergibt sich für R:

$$\text{(a)} \quad R = (-1)^{i-kr+1} \frac{F_{2kr-i}}{F_r} \qquad (13a)$$

$$\text{(b)} \quad R = (-1)^{kr} \frac{F_{i-2kr}}{F_r}. \qquad (13b)$$

Also lässt sich für jedes r < i der Quotient $\dfrac{F_i}{F_r}$ solange zerlegen, bis gemäß (a) oder (b) ein Rest R < 1 entsteht oder (b) eine erneute Polynomdivision ermöglicht und so die Fälle sich wiederholen.

Damit ist die Behauptung verifiziert, dass immer, wenn der Index r kein Teiler von i ist, auch F_r kein Teiler von F_i ist.

Also hat eine Fibonacci-Zahl F_i *höchstens* so viele Fibonacci-Teiler wie es Teiler von i gibt, und da F_i - wie gezeigt – auch *mindestens* so viele Fibonacci-Teiler hat, hat F_i *genau so viele* Fibonacci-Teiler wie es Teiler von i gibt, wzbw.

Beispiel für i = 40 :

F_{40} = 102334155 hat genau sechs echte Fibonacci-Teiler: F_{20}, F_{10}, F_8, F_5, F_4, F_3, entsprechend den 6 echten Teilern von 40.

Es gibt also keine weitere Fibonacci-Zahl F_r, deren Index r < 40 ist und die Teiler von F_i ist, wenn r nicht Teiler von i ist.

Mit Hilfe der Tabellen im Anhang verifiziert man leicht

für $\dfrac{40}{2} < r < 40$, also r ∈ {39; 38;...21} nach (11a):

$$\dfrac{F_{40}}{F_{39}} = L_{40-39} + (-1)^{40-39+1} \dfrac{F_{78-40}}{F_{39}} = L_1 + \dfrac{F_{38}}{F_{39}} =$$
$$= 1 + \dfrac{39088169}{63245986},$$

… ,

$$\frac{F_{40}}{F_{21}} = L_{40-21}+(-1)^{40-21+1}\frac{F_{42-40}}{F_{21}} = L_{19}+\frac{F_2}{F_{21}} =$$
$$= 9349+\frac{1}{10946} \;;$$

für $\frac{40}{3} < r < \frac{40}{2}$, also r $\in$ {19; 18;...14} nach (11b):

$$\frac{F_{40}}{F_{19}} = L_{40-19}+(-1)^{19}\frac{F_{40-38}}{F_{19}} = L_{21}-\frac{F_2}{F_{19}} =$$
$$= 24476-\frac{1}{4181} \;,$$
...,

$$\frac{F_{40}}{F_{14}} = L_{40-14}+(-1)^{14}\frac{F_{40-28}}{F_{14}} = L_{26}-\frac{F_{12}}{F_{14}} =$$
$$= 271443+\frac{144}{377} \;;$$

für $\frac{40}{4} < r < \frac{40}{3}$, also r $\in$ {13; 12; 11} ergibt eine weitere Polynomdivision Beziehung (12a):

$$\frac{F_{40}}{F_{13}} = L_{40-13}+(-1)^{13}L_{40-39}+(-1)^{41-26}\frac{F_{52-40}}{F_{13}} =$$
$$= L_{27}-L_1-\frac{F_{12}}{F_{13}} = 439204-1-\frac{144}{233} \;,$$
...,

$$\frac{F_{40}}{F_{11}} = L_{40-11}+(-1)^{11}L_{40-33}+(-1)^{41-22}\frac{F_{44-40}}{F_{11}}$$
$$= L_{29}-L_7-\frac{F_4}{F_{11}} = 1149851-29-\frac{3}{89} \;;$$

für $\dfrac{40}{5} < r < \dfrac{40}{4}$, also r = 9 wird (12b) zu:

$$\dfrac{F_{40}}{F_9} = L_{40-9} + (-1)^9 L_{40-27} + (-1)^{18} \dfrac{F_{40-36}}{F_9} =$$

$$= L_{31} - L_{13} + \dfrac{F_4}{F_9} = 3010349 - 521 + \dfrac{3}{34};$$

für $\dfrac{40}{6} < r < \dfrac{40}{5}$, r = 7, führt die nächste Polynomdivision zu:

$$\dfrac{F_{40}}{F_7} = L_{33} + (-1)^7 L_{19} + (-1)^{14} L_5 + (-1)^{41-21} \dfrac{F_{42-40}}{F_7} =$$

$$= 7881196 - 9349 + 11 + \dfrac{1}{13}; \quad \text{(vgl. (13a))},$$

für $\dfrac{40}{7} < r < \dfrac{40}{6}$, also r = 6 führt die Polynomdivision zu (13b):

$$\dfrac{F_{40}}{F_6} = L_{34} + (-1)^6 L_{22} + (-1)^{12} L_{10} + \quad (-1)^{18} \dfrac{F_{40-36}}{F_6} =$$

$$= 12752043 + 39603 + 123 + \dfrac{3}{8}.$$

Für 3 < r < 6 sind $F_5 = 5$, $F_4 = 3$ Teiler von F_{40}.

Für r = 3 ergibt sich gemäß (13a):

$$\dfrac{F_{40}}{F_3} = L_{37} + (-1)^3 L_{31} + (-1)^6 L_{25} - L_{19} + L_{13} - L_7 + L_1 +$$

$$+ (-1)^{41-21} \dfrac{F_{42-40}}{F_3} =$$

$$= 54018521 - 3010349 + 167761 - 9349 + 521 - 29 + 1 + \dfrac{1}{2}.$$

Für r < 3 sind $F_2 = F_1 = 1$ stets Teiler von F_i, $i \in N$.

Dieses Beispiel verdeutlicht das oben beschriebene Vorgehen, wodurch für alle r $\in$ N, die nicht Teiler von i sind, die Fibonacci-Zahlen mit Index r nicht Teiler der Fibonacci-Zahl mit Index i sind.

Da jede Fibonacci-Zahl F_i genau so viele echte Fibonacci-Teiler hat wie die Anzahl der echten Teiler des Index i, gilt der Satz:

Satz: F_t *ist Teiler von* F_i *dann und nur dann, wenn t Teiler von i ist.*

$$t \text{ Teiler von } i \quad \Leftrightarrow \quad F_t \text{ ist Teiler von } F_i \qquad (14)$$

Für t Teiler von i ist bereits gezeigt, dass F_t Fibonacci-Teiler von F_i ist.
Da ebenfalls gezeigt ist, dass die Anzahl der Fibonacci-Teiler von F_i mit der Anzahl der Teiler von i übereinstimmt, gibt es also keinen Fibonacci-Teiler F_t, dessen Index t nicht Teiler von i ist.

In Übereinstimmung mit dem Bisherigen folgt aus (14):

Jede Fibonacci-Zahl F_x *ist Teiler aller Fibonacci-Zahlen* F_{nx}, *mit* $n \in N$, *d.h.* $F_{nx} = F_x * K_n$, *mit* $K_n \in N$.

Dies gilt auch für alle Teiler von F_x:
Jeder Teiler einer Fibonacci-Zahl F_x *ist auch Teiler aller Fibonacci-Zahlen* F_i, *mit* $i = nx$, $n \in N$. (14')

Denn, wenn F_x Teiler von F_{nx} ist, gilt: $F_{nx} = F_x * K_n$ mit $K_n \in N$, d.h.: die Primfaktorzerlegung von F_{nx} enthält die vollständige Primfaktorzerlegung von F_x.

Schließlich folgt umgekehrt:

Zu jedem Teiler T einer Fibonacci-Zahl F_i gibt es eine kleinste Fibonacci-Zahl F_x ≤ F_i, mit Index x = i:k, $k \in N$, die T zum ersten Mal enthält. (14")

Beispiel:

P = **421** ist Teiler F_{42} von ist => es gibt eine kleinste Fibonacci-Zahl F_x, mit x = 42:k, $k \in N$, die 421 zum ersten Mal enthält.
Dies ist: F_{21} = 10946 = 2*13***421**.
Mit $F_{nx} = F_x * K_n$ ist z.B.: $F_{3*21} = F_{21} * K_{21}$ = 2*13*17***421***35239681.

6. Folgerungen

a) Index i nicht prim

Satz: *Jede Fibonacci-Zahl F_i > 3 mit nichtprimem Index i ist nicht prim.*

$$i \text{ nicht prim} \Rightarrow F_i \text{ nicht prim.} \qquad (15)$$

Denn: Für i > 4 nicht prim gibt es mindestens eine Zerlegung i = mn, m > 1, n > 1, und daher mit (14) mindestens die Fibonacci-Teiler F_n und F_m von F_i.

Für geradzahligen Index i = 2n, also $F_i = F_{2n}$ gilt wegen (1')
$F_{2n} = F_n L_n$.
Da aber i > 4 (Voraussetzung) $\Rightarrow$ n > 2 $\Rightarrow$ F_n > 1, L_n > 1.

Weiter gilt:

Satz: *Jede Fibonacci-Zahl F_i mit nichtprimem Index i = np > 4, p prim, hat als Teiler eine Fibonacci-Zahl F_p mit dem primem Index p.*

Denn: i nicht prim $\Rightarrow$ i hat eine Primfaktorzerlegung.
Sei p ein Primfaktor von i $\Rightarrow$ $i = np$ $\Rightarrow$ F_p ist Teiler von F_i.

Ist F_x die kleinste Fibonacci-Zahl, die in der Primzahlzerlegung den Primfaktor P enthält, so ist P auch Primfaktor aller Fibonacci-Zahlen F_{nx}, deren Index i = nx ist.

Allgemein gilt für *ungeradzahligen Index i > 4* : Ist der Index i > 4 einer Fibonacci-Zahl *ungerade*, so ist die Zahl:

- *nicht durch 3 teilbar*, denn mit F_4 = 3 haben nur die Fibonacci-Zahlen F_{4n} mit geradem Index i = 4n, $n \in N$, den Fibonacci-Teiler F_4 = 3.

- *nicht durch 7 teilbar*, denn mit F_8 = 3*7 haben nur die Fibonacci-Zahlen F_{8n} mit geradem Index i = 8n, $n \in N$, den Nicht-Fibonacci-Teiler 7.

- *nicht durch 11 teilbar*, denn mit F_{10} = 5*11 haben nur die Fibonacci-Zahlen F_{10n} mit geradem Index i = 10n, $n \in N$, den Nicht-Fibonacci-Teiler 11.

- *nicht teilbar durch diejenigen Primzahlen, die in einer Fibonacci-Zahl mit geradem Index zum ersten Mal in der Fibonacci-Folge vorkommen, also auch nicht durch 19, 23, 29, 41, 47, 89, 199, 233, 521, ... und weitere (vgl.Tabelle 2, Anhang).*

Satz: *Fibonacci-Zahlen F_i mit ungeradzahligem Index i sind nicht teilbar durch die Primzahl P, wenn die kleinste Fibonacci-Zahl, die P enthält, einen geradzahligen Index hat.*

b) Index p ist prim:

Satz: *Keine Fibonacci-Zahl F_P mit primem Index p > 3 hat einen echten Fibonacci-Teiler $F_t \neq F_P$, bzw:*

Hat eine Fibonacci-Zahl $F_i > 3$ keinen Fibonacci-Teiler $F_t \neq F_i$, so ist ihr Index $i = p$ prim.

$$p > 3 \text{ prim} \Leftrightarrow F_p \text{ hat keinen echten Fibonacci-Teiler } F_t. \tag{16}$$

Gäbe es zu primem p einen Fibonacci-Teiler $F_t < F_p$ von F_i, so müsste wegen (14) t Teiler von p sein, somit p nicht prim, was im Widerspruch zur Voraussetzung steht.

Hat F_i keinen echten Fibonacci-Teiler, kann es keine Zerlegung von i geben, da andernfalls jede solche Zerlegung i = nm mit (14) zu mindestens einem echten Fibonacci-Teiler führen würde. Demnach ist i = p dann prim.

Wenn also bei primem Index p die Existenz von echten Fibonacci-Teilern von F_p ausgeschlossen ist, kann F_p nur noch
- entweder selbst prim sein
- oder nur solche Teiler haben, die keine Fibonacci-Zahlen sind (Nicht-Fibonacci-Teiler).

Also gilt:

Satz: *Ist der Index p einer Fibonacci-Zahl F_p prim, dann hat F_p keinen Fibonacci-Teiler und es gilt: entweder ist F_p selbst prim oder die echten Teiler von F_p sind keine Fibonacci-Zahlen.*

Ist $F_p > 3$ ist selbst *prim,* dann folgt:

Satz: *Jede prime Fibonacci-Zahl $F_i > 3$ hat einen primen Index i für alle i > 4.*

$$F_i > 3 \text{ prim} \Rightarrow i \text{ prim}, i > 4 \tag{17}$$

Denn: F_i prim $\Rightarrow F_i$ hat keinen echten Teiler $\Rightarrow F_i$ hat keinen Fibonacci-Teiler $\Rightarrow$ i prim, wegen (16), i > 4.

Die umgekehrte Richtung gilt nicht, aus p prim lässt sich nicht auf F_p prim schließen: p = 19 prim: F_{19} = 4181 = 37*113 nicht prim.

Wohl gilt die Negation (15): i nicht prim $\Rightarrow$ F_i nicht prim.

- Für *nichtprime* Fibonacci-Zahlen F_p mit primem Index p gilt:

Satz: *Die nichtprimen Fibonacci-Zahlen F_p mit primem Index p haben keinen Fibonacci-Teiler, das heißt: alle Teiler sind Nicht-Fibonacci-Teiler.*

Die Primzahlzerlegung einer nichtprimen Fibonacci-Zahl F_p mit primem Index p besteht dann aus mindestens zwei Primfaktoren P,Q, die keine Fibonacci-Zahlen sind.
F_p ist dann die kleinste Fibonacci-Zahl, die P, Q, oder P*Q enthält.

Satz: *Es gibt keine Fibonacci-Zahl F_x < F_p, p prim, die einen der Nicht-Fibonacci-Teiler von F_p enthält, das heißt, keine Fibonacci-Zahl F_x < F_p enthält einen Primfaktor von F_p.*

Denn, angenommen, es gibt einen Nicht-Fibonacci-Teiler P von F_p, der bereits in der Primfaktorzerlegung von F_x < F_p vorkommt, dann gibt es gemäß (14') ein k $\in$ N, so dass p = kx ist, im Widerspruch zu: p prim.

Jede Fibonacci-Zahl F_p mit primem Index p ist wiederum Teiler aller Fibonacci-Zahlen F_i , deren Index i = np ein Vielfaches des primen Index p ist, vgl.(14).

Satz: *Alle Primfaktoren und Primfaktorprodukte von F_p sind Teiler von F_{np}, allerdings keine Fibonacci-Teiler (sieht man von den unechten Teilern F_p, F_1, F_2 ab).*

Denn mit (14) ist F_p selbst natürlich Fibonacci-Teiler aller Fibonacci-Zahlen F_{np} , deren Index np ein Vielfaches des primen Index p ist. Damit sind dann auch alle Primfaktoren und Primfaktorprodukte von F_p Nicht-Fibonacci-Teiler von F_{np} .

Beispiele: i = p > 3 prim (vgl.Tabelle 2, Anhang):

F_{17} = **1597** ist primer Fibonacci-Teiler von allen Fibonacci-Zahlen F_{17n}, $n \in N$, deren Index ein Vielfaches von 17 ist. So für:
n = 4: F_{68} = $F_{34}*L_{34}$ = 7272 34602 48141 = 3*67***1597***3571*63443.
n = 6: F_{102} = $F_{51}*L_{51}$ = 2^3 *919***1597***3469*3571*6376021.

F_{19} = 4181 = **37*113**,
Die Nicht-Fibonacci-Teiler 37 und 113 sind Primfaktoren in den Primfaktorzerlegungen aller F_{19n}, $n \in N$, z.B.:
F_{38} = 39088169 = **37*113***9349,
F_{57} = 365435296162 = 2***37*113***797*54833.

F_{67} = 4494 55702 12853 = 269*116849*1429913.
Alle Teiler sind Nicht-Fibonacci-Teiler und die Primzahlen 269, 116849, 1429913 kommen in keiner Fibonacci-Zahl $F_x < F_{67}$ vor, wohl aber in allen F_{67n}, $n \in N$.

c) Teilerfremdheit von Fibonacci-Zahlen

Satz: *Jede prime Fibonacci-Zahl F_p ist zu jeder anderen Fibonacci-Zahl $F_i > 1$, deren Index i kein Vielfaches von p ist, teilerfremd, also: für F_p prim und $i \neq np$ gilt:*

$$ggT(i; p) = 1 \quad \Rightarrow \quad ggT(F_i; F_p) = 1 \qquad (18)$$

Wenn F_p prim ist, folgt aus (17): p ist prim. Wenn $i \neq pn$ ist, folgt: p und i sind für jedes $i \in N$ teilerfremd, d.h. ggT(i; p) = 1.

Dann gilt für i < p, also: $F_i < F_p$:
F_p prim $\Rightarrow$ F_p hat keine Teiler $\Rightarrow$ F_i und F_p teilerfremd.

Für i > p, $F_p < F_i$ gilt:
$i \neq pn$ $\Rightarrow$ F_p kein Teiler von F_i und F_p prim $\Rightarrow$ F_i und F_p teilerfremd.

Also ist für F_p prim und für alle F_i mit $i \neq pn$ der größte gemeinsame Teiler $\mathrm{ggT}(F_i; F_p) = 1$.

Setzt man nur p prim (p > 2) voraus, so ist entweder F_p prim, also die Behauptung bewiesen, s.o., oder es sind die Teiler von F_p keine Fibonacci-Zahlen.

Sei F_p eine beliebige nichtprime Fibonacci-Zahl mit primem Index p.

Für $i < p$, also $F_i < F_p$, p prim, F_p nicht prim, gibt es kein F_i, das Teiler von F_p ist, da keine Fibonacci-Zahl mit primem Index einen Fibonacci-Teiler haben kann.

Es kann dann aber auch kein Teiler von F_i zugleich Teiler von F_p sein, da jeder Teiler von F_i nur Teiler von F_{ni} sein kann. Für p prim gibt es aber keine Zerlegung p = ni.

Für $i > p$, also $F_p < F_i$, p prim, $i \neq pn$, gilt: F_p ist kein Teiler von F_i, also gibt es allenfalls Nicht-Fibonacci-Teiler von F_p, die zugleich Teiler von F_i sind.

Annahme: F_p, p prim, hat den Nicht-Fibonacci-Teiler P. Dann ist $F_p = P*Q$ und Q ebenfalls Nicht-Fibonacci-Teiler von F_p; zudem sei P zugleich Teiler von F_i, $i \neq pn$.

Dann ist $\dfrac{F_i}{P} \in N \Leftrightarrow \dfrac{F_i}{F_p} *Q \in N \Rightarrow F_p$ Teiler von $F_i \Rightarrow i = np$,

also Widerspruch zur Voraussetzung $i \neq pn$ und demnach ist Annahme, dass F_p und F_i, $i \neq pn$, p prim, einen gemeinsamen Nicht-Fibonacci-Teiler haben, falsch.

Es gibt somit überhaupt keinen gemeinsamen Teiler einer nichtprimen Fibonacci-Zahl F_p mit primem Index p und einer anderen Fibonacci-Zahl F_i, wenn $i \neq pn$ ist.

Wenn also ggT(i; p) = 1, p prim, vorausgesetzt ist, also $i \neq pn$, so genügt diese Bedingung für die Behauptung ggT(F_i ; F_p) = 1.

Gilt umgekehrt: ggT(F_i ; F_p) = 1 ⇒ F_i und F_p haben keine gemeinsamen Teiler, also auch keine gemeinsamen Fibonacci-Teiler größer 1 ⇒ die Indizes können keine gemeinsamen Teiler haben ⇒ ggT(i; p) = 1.

Dementsprechend erhält man für alle Fibonacci-Zahlen mit primem Index p den Satz:

Satz: *Jede Fibonacci-Zahl F_p mit primem Index p ist zu jeder anderen Fibonacci-Zahl F_i > 1, deren Index i kein Vielfaches von p ist, teilerfremd, also:*

$$p \text{ prim}, \quad ggT(i; p) = 1 \Leftrightarrow ggT(F_i ; F_p) = 1. \tag{19}$$

Beispiel:

p = 19 prim, F_{19} = 37*113 nicht prim. F_{19} teilerfremd zu *allen* F_i, deren Index i kein Vielfaches von 19 ist.

Also kommen die Primfaktoren 37 und 113 in keiner kleineren Fibonacci-Zahl F_i < F_{19} und für alle größeren Fibonacci-Zahlen F_i > F_{19} nur in den Zahlen F_{19n} vor.

Denn für $i = np$, p prim, p > 2, also ggT(i; p) = p, gilt, dass F_p > 1 Teiler von F_i ist, also ggT(F_i ; F_p) = F_p ist.
Wegen i = np ist auch F_n Fibonacci-Teiler von F_i = F_{np}, aber natürlich nicht Teiler von F_p.

Also:

Satz: *Für alle Fibonacci-Zahlen mit Index $i = np$, p > 2 prim, gilt:*

$$ggT(i; p) = p \quad \Rightarrow \quad ggT(F_i ; F_p) = F_p. \tag{20}$$

Wenn umgekehrt $ggT(F_i; F_p) = F_p$ ist, dann ist $F_p > 1$ echter Fibonacci-Teiler von F_i, somit $F_i = F_{np}$, $i = np$, $\Rightarrow ggT(i; p) = p$. Somit ist für p prim, p > 2, i = np die Äquivalenz in (20) gültig:

$$ggT(i; p) = p \quad \Leftrightarrow \quad ggT(F_i; F_p) = F_p. \qquad (20')$$

Beispiel:

$ggT(5; 30) = 5 \Rightarrow ggT(F_5; F_{30}) = F_5$, mit:
$F_{30} = 832040 = 2^3 * 5 * 11 * 31 * 61$, $F_5 = 5$.

Darüberhinaus gilt allgemein:

Satz: *Zwei Fibonacci-Zahlen F_i und F_r sind teilerfremd, wenn ihre Indizes teilerfremd sind.*

$$ggT(r; i) = 1 \Rightarrow ggT(F_r; F_i) = 1. \qquad (21)$$

Sind die Indizes teilerfremd, also ggT(r; i) = 1, dann haben F_i und F_r keine gemeinsamen Fibonacci-Teiler.

Angenommen, F_i und F_r haben einen anderen Teiler gemeinsam, dann muss es ein gemeinsames Primzahlprodukt geben, das

- entweder in der einen Fibonacci-Zahl, z.B. F_i, zum ersten Mal auftritt, somit die andere Zahl F_r einen Index r hat, der ein Vielfaches des Index i ist, also r = ni;

- oder: es gibt eine kleinere Fibonacci-Zahl, die das Primzahlprodukt zum ersten Mal enthält, dann ist diese aber gemeinsamer Fibonacci-Teiler.

Da die Annahme jeweils zum Widerspruch zur Voraussetzung führt, folgt, dass unter den genannten Bedingungen F_i und F_r teilerfremd sind.

Beispiel:

ggT(15; 28) = 1 ⇒ ggT(F_{15}; F_{28}) = 1.
Probe: F_{15} = 2*5*61, F_{28} = 3*13*29*281;
ggT(21; 55) = 1 ⇒ ggT(F_{21}; F_{55}) = 1.
Probe: F_{21} = 2*13*421, F_{55} = 5*89*661*474541.

Die umgekehrte Schlussrichtung gilt nicht: es ist nämlich zu
F_{28} = 317811 = 3*13*29*281; F_{30} = 832040 = 2^3*5*11*31*61.
der ggT(F_{28}; F_{30}) = 1, aber ggT(28; 30) = 2.

Aus (21) folgt unmittelbar:

Satz: *Zwei aufeinanderfolgende Fibonacci-Zahlen sind stets teilerfremd.*

$$ggT(n; n+1) = 1 \quad \Rightarrow \quad ggT(F_n; F_{n+1}) = 1. \qquad (22)$$

Schließlich gilt der Satz:

Satz: *Der größte gemeinsame Teiler zweier Fibonacci-Zahlen ist derjenige Fibonacci-Teiler, dessen Index t > 2 der größte gemeinsame Teiler der Indizes beider Zahlen ist, d.h. für t > 2 gilt:*

$$ggT(a;b) = t > 2 \Leftrightarrow ggT(F_a; F_b) = F_t. \qquad (23)$$

Denn:

Wenn g > 2 ein gemeinsamer Teiler von a und b ist, ist stets auch F_g > 1 ein gemeinsamer Fibonacci-Teiler von F_a und von F_b.

Wenn t ≥ g der größte gemeinsame Teiler von a und b ist, ist F_t ≥ F_g der größte gemeinsame Fibonacci-Teiler (ggF) von F_a und F_b.

Es gibt also keine größere Fibonacci-Zahl $F_x > F_t$, die gemeinsamer Teiler von F_a und F_b ist.

Bleibt zu zeigen, dass es auch keinen größeren gemeinsamen Nicht-Fibonacci-Teiler T von F_a und F_b gibt.

Annahme: Es gibt einen Nicht-Fibonacci-Teiler $T > F_t > 1$ (also: $t > 2$), T Teiler von F_a und F_b.

Dann gibt es eine kleinste Fibonacci-Zahl F_x, die T zum ersten Mal enthält, das heißt $T \leq F_x$, und die ebenfalls Teiler von F_a und F_b ist.
Somit ist $F_a = F_{nx}$ und $F_b = F_{mx}$, $(n, m \in N)$.

Sind n und m teilerfremd, also ggT(n; m) = 1 => ggT(nx; mx) = x, dann ist F_x der größte gemeinsame Fibonacci-Teiler (ggF) von F_a und F_b, also $F_x = F_t$.

Aus $T \leq F_x = F_t$ folgt der Widerspruch zur Annahme $T > F_t$, so dass es keinen Nicht-Fibonacci-Teiler $T > F_t$ gibt, wenn n und m teilerfremd sind.

Ist der ggT(n; m) = k, dann ist der größte Fibonacci-Teiler von F_a und F_b durch F_{kx} gegeben, also $F_{kx} = F_t$, aber $T < F_x < F_{kx} = F_t$, somit gibt es auch dann kein $T > F_t$.

Somit gilt:

Der größte Fibonacci-Teiler $F_t > 1$, $t > 2$, der Zahlen F_a und F_b ist auch der größte gemeinsame Teiler ggT(F_a; F_b).

Also ist gezeigt, dass (23) gilt: ggT(a; b) = t $\Rightarrow$ ggT(F_a; F_b) = F_t.

Die umgekehrte Schlussrichtung ist aus Folgendem zu sehen:
Wenn ggT(F_a; F_b) = $F_t > 1$, also $t > 2$, dann ist $F_a = F_{nt}$ und $F_b = F_{mt}$, somit ist ggT(F_a; F_b) = ggT(F_{nt}; F_{mt}) = $F_t > 1$, wobei n und m teilerfremd sein müssen.

Denn für n = s*u, m = s*v gäbe es einen größeren Fibonacci-Teiler
F_{st} = ggT(F_{ust}; F_{vst}) > F_t im Widerspruch zur Voraussetzung.

Weiter folgt für a = nt, b = mt, n, m teilerfremd:
ggT(n; m) = 1 $\Rightarrow$ ggT(nt; mt) = t,
also: ggT(a; b) = t, (t > 2).

Somit ist gezeigt, dass für t > 2 gilt:

$$\text{ggT}(F_a; F_b) = F_t \quad \Rightarrow \quad \text{ggT}(a; b) = t \,.$$

Damit ist die Äquivalenz in (23) für *t > 2* bewiesen.

Ist in (23) t eine Primzahl größer als 2, so folgt aus (23) unmittelbar (20'), denn für p prim, p = t > 2, i = np wird (23) zu

(20'): $\qquad ggT(i; p) = p \quad \Leftrightarrow \quad ggT(F_i; F_p) = F_p$.

Beispiel: (vgl.Tabelle 2, Anhang)

ggT(54; 72) = 18 => ggT(F_{54}; F_{72}) = F_{18} = 2^3 ***17*19**.
F_{54} = 2^3 ***17*19***53*109*5779,
F_{72} = 2^5 *3^3 *7***17*19***23*107*103681.
Die kleinste Fibonacci-Zahl, die den Nicht-Fibonacci-Teiler T = 323 = **17*19** enthält, ist F_x = F_{18} = 2^3 ***17*19**.
F_a = F_{nx} = F_{3*18} und F_b = F_{mx} = F_{4*18} = F_{72}, ggT(n; m) = 1.

F_a = F_{nx} = F_{3*18} und F_b = F_{mx} = F_{6*18} = F_{108}, ggT(n; m) = 3 =>
ggT(a; b) = 3*18 => ggT(F_{54}; F_{108}) = F_{54},
F_{54} = 2^3 *17*19*53*109*5779
F_{108} = 2^4 * 3^4 *17*19*53*107*109*5779*11128427.

ggT(72; 108) = 36 => ggT(F_{72}; F_{108}) = F_{36} = 2^4 *3^3*17*19*107.
F_{72} = F_{36} *2*7*23*103681,
F_{108} = F_{36} *3*53*109*5779*11128427.

Bleibt zu untersuchen t $\leq$ 2, also (1) *t = 2* und (2) *t = 1*.

(1) *t = 2*:

Dann ist: ggT(a; b) = 2, also a = 2n, b = 2m mit ggT(n; m) =1,
(da aus ggT(n; m) > 1 => ggT(a;b) = ggT(2n; 2m) > 2).

Somit: ggT(F_a; F_b) = ggT(F_{2n}; F_{2m}) = F_2 = 1,

da F_2 = 1 als größter Fibonacci-Teiler von F_{2n} und F_{2m} zugleich der größte gemeinsame Teiler ist.

Sind die Indizes i, j zweier Fibonacci-Zahlen beide geradzahlig mit ggT(i; j) = 2, dann sind F_i und F_j zueinander teilerfremd, d.h. es gilt:

$$ggT(i;j) = 2 \Rightarrow ggT(F_i; F_j) = 1 \qquad (23')$$

Beispiel:

i = 2*2*7, j = 2*3*5, ggT(i; j) = 2 $\Rightarrow$ ggT(F_{28}; F_{30}) = 1,
Probe: F_{30} = 2^3*5*11*31*61,
F_{28} = 3*13*29*281,

i = 44, j = 50, ggT(i; j) = 2 $\Rightarrow$ ggT(F_{44}; F_{50}) = 1
Probe: F_{44} = 3*43*89*199*307,
F_{50} = 5^2*11*101*151*3001.

Anmerkung:

Aus (23'): $ggT(i;j) = 2 \Rightarrow ggT(F_i; F_j) = 1$,

ergibt sich für j = 2:

$$ggT(i;2) = 2 \Rightarrow ggT(F_i; F_2) = F_2 = 1,$$

also in (20) für p = 2:

$$ggT(i; p) = p \quad \Rightarrow \quad ggT(F_i; F_p) = F_p.$$

Für p = 2 ist die umgekehrte Schlussrichtung nicht eindeutig, es gilt die Äquivalenzbeziehung (20') nur für p > 2.

Wenn $ggT(F_a; F_b) = F_2 = 1$ dann sind F_a und F_b teilerfremd, d.h. $F_2 = 1$ ist einziger Fiboteiler, somit: ggT(a; b) = 2 oder ggT(a; b) = 1. Also :

Satz: *Sind zwei Fibonacci-Zahlen teilerfremd, dann ist der größte gemeinsame Teiler der Indizes stets kleiner oder gleich 2:*

$$ggT(F_a; F_b) = 1 \quad \Rightarrow \quad ggT(a; b) \leq 2, \qquad (23'')$$

es sind also ihre Indizes entweder teilerfremd oder geradzahlig, wobei dann die halbierten Indizes teilerfremd sind.

Beispiele:

Die Fibonacci-Zahlen F_{51} und F_{58} sind teilerfremd, $ggT(F_{51}; F_{58}) = 1$,
$F_{51} = 2*1597*6376021$
$F_{58} = 59*19489*514229$,
und die Indizes sind ebenfalls teilerfremd: ggT(3*17; 2*29) = 1.

Die Fibonacci-Zahlen F_{54} und F_{58} sind teilerfremd, $ggT(F_{54}; F_{58}) = 1$,
$F_{54} = 2^3 *17*19*53*109*5779$
$F_{58} = 59*19489*514229$,
und die Indizes sind geradzahlig mit ggT(2*27; 2*29) = 2.

Die Indizes sind geradzahlig mit ggT(a; b) = 2, z.B.:
$ggT(52; 110) = 2 \quad \Rightarrow \quad ggT(F_{52}; F_{110}) = 1$
$F_{52} = 3*233*521*90481$
$F_{110}= 5*11^2 *89*199*331*661*39161*474541$.

(2) *t = 1*

Für *t = 1* gilt (21): $ggT(a;b)=1 \Rightarrow ggT(F_a;F_b)=1$.

Die umgekehrte Schlussrichtung gilt nicht, wie (23") zeigt.

Mit (23) bestimmt sich der ggT von Fibonacci-Zahlen mithilfe des ggT der Indizes recht einfach.

Beispiele: (vgl.Tabelle 2, Anhang)

- ggT(a; b) = 17 => für alle Fibonacci-Zahlen mit den Indizes a = n*17 und b = m*17, n und m teilerfremd, ist ggT(F_a; F_b) = F_{17}.
So für n = 2 und m = 3:
ggT(34; 51) = 17 $\Rightarrow$ ggT(F_{34}; F_{51}) = F_{17} = **1597**,
Probe:
F_{51} = 20365011074 = 2***1597***6376021 = 2*F_{17}*6376021
F_{34} = 5702887 = F_{17}*3571.

für n = 3 und m = 4, ggT(n; m) = 1:
ggT(51; 68) = 17 $\Rightarrow$ ggT(F_{68}; F_{51}) = F_{17},
F_{51} = 2***1597***6376021
F_{68} = 3*67***1597***3571*63443.

- Gesucht: ggT(F_{40}; F_{60}) = ggT(102334155; 1548008755920) = ?
ggT(40; 60) = 20 > 2 $\Leftrightarrow$ ggT(F_{40}; F_{60}) = F_{20}.
Probe:
F_{40} = 3*5*7*11*41*2161 = **6765***7*2161
F_{60} = 2^4 *3^2 *5*11*31*41*61*2521 = **6765***2^4 *3*31*61*2521
F_{20} = 3*5*11*41 = **6765**.

- Gesucht: ggT(F_{40}; F_{14}) = ?
ggT(40; 14) = 2 => ggT(F_{40}; F_{14}) = 1,
F_{40} = 3*5*7*11*41*2161
F_{14} = 13*29.

7. Teilbarkeit der Lucas-Zahlen

Eine zu der Teilbarkeitsbeziehung (1) der Fibonacci-Zahlen analoge Beziehung existiert für die Lucas-Zahlen nicht:

Satz: L_n ist kein Teiler von L_{2n}, $n \in N$, d.h. $\dfrac{L_{2n}}{L_n} \notin N$.

Denn aus II(5) $L_{2n} = L_n^2 - 2(-1)^n$ ergibt sich:

$\dfrac{L_{2n}}{L_n} = L_n - \dfrac{2(-1)^n}{L_n}$ ist keine natürliche Zahl, da $L_n \neq 2$.

Folgerung:

Wenn L_n prim ist, dann gilt ggT(L_n; L_{2n}) = 1, dann sind L_n und L_{2n} teilerfremd.
Ebenso gilt ggT(L_n; L_{2n}) = 1, wenn L_{2n} prim ist.

Wenn L_{2n} prim ist, hat es keinen echten Teiler, da aber $L_{2n} > L_n$ ist, kann es keinen gemeinsamen Teiler geben. Also:

Satz: *Ist eine der Zahlen L_n oder L_{2n} prim, $n \in N$, , so ist*

$$ggT(L_n; L_{2n}) = 1.$$

Beispiel:

$L_{13} = 521$ ist prim, $L_{26} = 271443 = 3*90481$ => ggT(L_{13}; L_{26}) = 1
$L_{16} = 2207$ ist prim, $L_8 = 47$ prim => ggT(L_{16}; L_8) = 1.

Die Umkehrung gilt nicht, denn:
ggT(L_{10}; L_{20}) = ggT(3*41; 7*2161) = 1, aber beide Lucas-Zahlen sind nicht prim.

Spezielle Teilbarkeitsregeln für die Lucas-Zahlen:

a) Teilbarkeit der Lucas-Zahlen durch 2:

Satz: *Alle Lucas-Zahlen mit Index i = 3n sind gerade, also durch 2 teilbar.*

Beweis durch Induktion:

Induktionsanfang: n = 1: $L_3 = 4$ gerade.
Induktionsannahme: für $n = k$ sei L_{3k} geradzahlig.
Induktionsschluss: $n = k+1$: $L_{3(k+1)} = L_{3k+3}$.

Gemäß II (2) gilt: $L_{n+1} = L_n + L_{n-1}$, also:

$$L_{3k+3} = L_{3k+2} + L_{3k+1} = (L_{3k+1} + L_{3k}) + L_{3k+1} = 2 L_{3k+1} + L_{3k}.$$

Da nach Induktionsannahme L_{3k} geradzahlig angenommen ist und die Summe gerader Zahlen wieder gerade ist, gilt $2 L_{3k+1} + L_{3k}$ ist gerade, also ist die Behauptung für n = k+1 richtig.

Somit gilt für alle n $\in N$, dass L_{3n} geradzahlig ist.

Im Zusammenhang mit den Lucas-Zahlen L_n lassen sich weitere Eigenschaften gerader Fibonacci-Zahlen aufzeigen:

Mit (II(9')) $L_n + F_n = 2 * F_{n+1}$ gilt:

Satz: *Die Summe der n-ten Lucas-Zahl und der n-ten Fibonacci-Zahl ist geradzahlig.*

Dann sind entweder beide Summanden gerade oder beide ungerade sind, da die Summe aus einer geraden Zahl 2m und einer ungeraden Zahl 2n + 1 stets ungerade ist für alle m, n ϵ N.

Es gilt also der Satz:

Satz: *Zu jedem Index i, für den eine Fibonacci-Zahl F_i gerade ist, ist auch die Lucas-Zahl L_i gerade und umgekehrt;*
bzw.: ist die Fibonacci-Zahl F_i ungerade, so ist auch die Lucas-Zahl L_i mit selbem Index i ungeradzahlig. Also:

$$2 \text{ Teiler von } F_i \quad \Leftrightarrow \quad 2 \text{ Teiler von } L_i. \qquad (24)$$

Da wegen (5), bzw. (5') gilt, dass alle Fibonacci-Zahlen mit Index i = 3n gerade sind, gilt also:

Wenn 3 Teiler von i ist, ist F_i gerade und somit auch L_i gerade.

Also:
$$i = 3n \quad \Leftrightarrow \quad L_i \text{ gerade} \quad \Leftrightarrow \quad F_i \text{ gerade}. \qquad (24')$$

Weiter gilt:

Satz (Lucas, 1871):

Ist der Index i durch 3 teilbar, so ist der größte gemeinsame Teiler von F_i und L_i gleich 2, andernfalls sind F_i und L_i teilerfremd:

$$ggT(F_i; L_i) = \begin{cases} 2 & \text{falls } i = 3n \\ 1 & \text{andernfalls.} \end{cases} \qquad (25)$$

Beweis:

Wenn 3 Teiler von i ist, dann ist 2 gemeinsamer Teiler von F_i und L_i, vgl. (24).

Zu zeigen ist noch, dass dann 2 auch größter gemeinsamer Teiler von F_i und L_i ist.

Sei i = 3n vorausgesetzt,
dann ist mit (24) der $ggT(F_{3n}; L_{3n})$ geradzahlig.

Annahme: $ggT(F_{3n}; L_{3n}) > 2$, also mit $t > 1$:

$$ggT(F_i; L_i) = 2t, \quad i = 3n, \quad t > 1, \; t \in N.$$

Dann ist $F_i = 2 t r_F$ und $L_i = 2 t r_L$, $r_F, r_L \in N$.

Aus II(9) folgt wie oben $L_i + F_i = 2 F_{i+1}$, also: $F_{i+1} = t(r_F + r_L)$.

Aus II(8) $L_i = F_{i-1} + F_{i+1}$ folgt: $F_{i-1} = 2 t r_L - t(r_F + r_L)$ und somit:

$$F_{i-1} = t(r_L - r_F).$$

Mit der Beziehung I(16): $\left| F_n^2 - F_{n-1} * F_{n+1} \right| = 1$ erhält man:
$\left| 4 t^2 r_F^2 - t^2 (r_L^2 - r_F^2) \right| = 1$, bzw:

$$t^2 \left| 5 r_F^2 - r_L^2 \right| = 1 \Leftrightarrow t^2 = \frac{1}{\left| 5 r_F^2 - r_L^2 \right|}.$$

Als positive absolute Differenz zweier natürlicher Zahlen ist $\left| 5 r_F^2 - r_L^2 \right| \geq 1$, somit

$$t^2 = \frac{1}{\left| 5 r_F^2 - r_L^2 \right|} \leq 1,$$

sodass entweder t = 1 oder 0 < t < 1 ist. Dies steht aber im Widerspruch zur Annahme t > 1.

Also ist für i = 3n der $\ggT(F_i; L_i) = 2$.

Bleibt zu zeigen, dass der $\ggT(F_i; L_i) = 1$ ist, wenn 3 nicht Teiler von i ist, dass dann also F_i und L_i teilerfremd sind.
Da $F_1 = F_2 = 1$ ist, genügt die Einschränkung i > 3.

Dann gibt es die zwei Fälle:
(a) i = 3n + 1,
(b) i = 3n + 2, n $\in N$.

(a) Für i = 3n + 1 sei angenommen, L_{3n+1} und F_{3n+1} haben einen gemeinsamen Teiler t > 1, d.h:

$$L_{3n+1} = t \cdot L \quad \text{und} \quad F_{3n+1} = t \cdot F.$$

Aus II(9) hat man $L_{3n+1} = 2 \cdot F_{3n} + F_{3n+1}$, also:

$$t \cdot L = 2 \cdot F_{3n} + t \cdot F.$$

Demnach gilt dann:
$$2 \cdot F_{3n} = t(L - F),$$

d.h.: t oder auch (L - F) sind gerade.

Wenn t gerade ist, ist auch $F_{3n+1} = t \cdot F$ gerade. Dann ist 2 gemeinsamer Teiler von F_{3n} und F_{3n+1}. Dies ist ein Widerspruch, da wegen (22) F_{3n} und F_{3n+1} teilerfremd sein müssen.

Damit ist die Annahme, dass L_{3n+1} und F_{3n+1} einen gemeinsamen Teiler t >1, t geradzahlig, haben, widerlegt.

Wenn L - F gerade ist, so haben $F_{3n} = t(L - F)/2$ und $F_{3n+1} = t \cdot F$ den Faktor t gemeinsam, das ist ebenso ein Widerspruch zu (22).

(b) $i = 3n+2$:

Der Widerspruchsbeweis ist analog a) durchzuführen, wobei der Index stets um 1 erhöht wird:

Es sei s ein gemeinsamer Teiler von L_{3n+2} und F_{3n+2}, also:
$$L_{3n+2} = s \cdot k \text{ und } F_{3n+2} = s \cdot f.$$
Dann ergibt sich wie vorher: $2 \cdot F_{3n+1} = s \cdot (k - f)$ ist geradzahlig, und somit gilt für gerades s, dass auch $F_{3n+2} = s \cdot f$ geradzahlig ist.

Wenn F_{3n+2} geradzahlig ist, ist mit $F_{3n+2} = F_{3n} + F_{3n+1}$ auch F_{3n+1} geradzahlig, da ja F_{3n} stets geradzahlig ist. Dies ist wieder ein Widerspruch zu (22): $ggT(F_{3n+1}; F_{3n+2}) = 1$.

Wenn (k-f) gerade ist, ist F_{3n+1} offenbar Vielfaches von s und somit s gemeinsamer Teiler von F_{3n+1} und F_{3n+2}, also abermals im Widerspruch zu (22).

Daher ist allgemein gezeigt, dass für

$$ggT(3; i) = 1 \quad \Rightarrow \quad ggT(F_i; L_i) = 1.$$

Damit ist der Satz von Lucas (25) bewiesen.

Es gilt also auch (24') allgemein:

2 Teiler von F_i $\Leftrightarrow$ 2 Teiler von L_i $\Leftrightarrow$ 3 Teiler von i.

Anmerkung:

Die *geraden* Lucas-Zahlen L_{3i}, $i \in N$, haben folgende Besonderheit:

- Ist der Index 3i *geradzahlig*, so ist L_{3i} nur einmal durch 2 teilbar, also:

$$L_{3*2n} = 2*U_n, \quad U_n \text{ ungeradzahlig,} \quad (25a)$$

- ist der Index 3i *ungeradzahlig*, so ist L_{3i} durch 4, aber nicht durch 8 teilbar, enthält also den Primfaktor 2 genau zweimal, also:

$$L_{3*(2n+1)} = 2^2 *K_n, \quad K_n \text{ ungeradzahlig.} \quad (25b)$$

Beispiele: (vgl.Tabelle 3, Anhang)

$i = 3*16$: $\quad L_{48} = 2*769*2207*3167$
$i = 3*17$: $\quad L_{51} = 2^2 *919*3469*3571$

$i = 3*19$: $\quad L_{57} = 2^2 *229*9349*95419$
$i = 3*20$ $\quad L_{60} = 2*7*23*241*2161*20641$

Es gilt also für die *Teilbarkeit der Lucas-Zahlen durch 4*:

Satz: *Alle Lucas-Zahlen, deren Index i ein ungeradzahliges Vielfaches von 3 ist, $i = 3(2n + 1)$, $n \in N$, sind durch 4 teilbar, d.h. $L_3 = 4$ ist Teiler von L_{6n+3}. Also:*

$$\frac{L_{3*(2n+1)}}{L_3} \in N.$$

Beweis zu (25b) durch vollständige Induktion:

Induktionsanfang : $n = 1$: $L_9 = 76 = 2^2 *19 = 4 K_1$, $K_1 = 19$
Induktionsannahme: für $n = k$ gelte: $L_{6k+3} = 4 K_k$, K_k ungerade.
Induktionsschluss: für $n = k+1$ ist: $L_{6(k+1)+3} = L_{6k+9}$.

Die fortgesetzte Anwendung von II(2): $L_{n+1} = L_n + L_{n-1}$ (mit $L_1 = 1$ und $L_2 = 3$), ergibt für L_{6k+9}:

$L_{6k+9} = L_{6k+8} + L_{6k+7} = 2L_{6k+7} + L_{6k+6} = 3L_{6k+6} + 2L_{6k+5} =$
$5L_{6k+5} + 3L_{6k+4} = 8L_{6k+4} + 5L_{6k+3} = 8L_{6k+4} + 5*4 K_k$.

Damit ist $L_{6(k+1)+3} = L_{6k+9} = 4*(2L_{6k+4} + 5K_k)$ ein Vielfaches von 4, wobei $(2L_{6k+4} + 5K_k) = K_{k+1}$ als Summe einer geraden Zahl $2 L_{6k+4}$ und der ungeraden Zahl $5K_k$ (gemäß Induktionsannahme) selbst ungerade ist.

Somit gilt (25b) für alle $n \in N$, also $L_{3(2n+1)} = 4K_n$, wobei K_n ungeradzahlig ist.

Es sind also alle Lucas-Zahlen mit einem Index, der ein ungeradzahliges Vielfaches von 3 ist, also $L_{3(2n+1)}$ durch 4, aber nicht durch eine höhere Potenz von 2 teilbar.

Bleibt für (25a) zu zeigen, dass keine gerade Lucas-Zahl durch 4 teilbar ist, wenn deren Index ein geradzahliges Vielfaches von 3 ist, also dass $L_{3*2n} = 2*U_n$ ist mit ungeradzahligem U_n.

Aus II(2), $L_{n+1} = L_n + L_{n-1}$, ergibt sich:
$L_{6n+3} = L_{6n+2} + L_{6n+1} = L_{6n} + 2L_{6n+1}$ und somit $L_{6n} = L_{6n+3} - 2L_{6n+1}$.
Mit (25b) ist $L_{6n+3} = 4K_n$, mit ungeradzahligem K_n.
Damit ist $L_{6n} = 4K_n - 2L_{6n+1}$, wobei L_{6n+1} nicht durch 2 teilbar ist (Index kein Vielfaches von 3), somit $\dfrac{L_{6n}}{4} = K_n - \dfrac{L_{6n+1}}{2} \notin N$.

Also ist L_{3*2n} nicht durch 4 teilbar, somit $L_{6n} = 2*U_n$, U_n ungerade.
Damit ist (25a) bewiesen. Aus (25a) und (25b) folgt:

Satz: *Keine Lucas-Zahl ist durch 8 teilbar.*

b) Teilbarkeit der Lucas-Zahlen durch 3:

Satz: *Alle Lucas-Zahlen, deren Index i ein ungeradzahliges Vielfaches von 2 ist, $i = 2*(2n + 1)$, $n \in N$, sind durch 3 teilbar, d.h. $L_2 = 3$ ist Teiler von L_{4n+2}. Also:*

$$\dfrac{L_{2*(2n+1)}}{L_2} \in N.$$

Die Behauptung ist also: $L_{4n+2} = 3R_n$, $R_n \in N$. Die soll wieder durch vollständige Induktion gezeigt werden:

Induktionsanfang: $n = 1$: $L_6 = 18 = 3R_1$, $R_1 \in N$.
Induktionsannahme: für $n = k$ gelte: $L_{4k+2} = 3R_k$, $R_k \in N$.
Induktionsschluss: für $n = k+1$ ist: $L_{4(k+1)+2} = L_{4k+6}$.

Fortgesetzte Anwendung von II(2), $L_{n+1} = L_n + L_{n-1}$, ergibt: $L_{4k+6} = 3L_{4k+3} + 2L_{4k+2}$. Mit der Induktionsannahme $L_{4k+2} = 3R_k$ ergibt sich $L_{4k+6} = 3L_{4k+3} + 2*3R_k = 3*(L_{4k+3} + 2R_k)$, wobei $(L_{4k+3} + 2R_k) = R_{k+1} \in N$. Die Behauptung ist also für k + 1 richtig.

Damit ist gezeigt, dass L_{4n+2} durch 3 teilbar ist, also:

$$\frac{L_{2(2n+1)}}{L_2} = \frac{L_{2(2n+1)}}{3} \in N \quad \textit{für alle } n \in N.$$

Dies lässt sich auch an der Darstellung II(1): $L_i = \alpha^i + \beta^i$ nachrechnen.

<u>Beispiel:</u> $\dfrac{L_i}{L_2}$ zu den Indizes $i = 4n + 2$ mit n = 1, 2, 3:

i = 6 :
$$\frac{L_6}{L_2} = \frac{\alpha^6 + \beta^6}{\alpha^2 + \beta^2} = \alpha^4 + \beta^4 - \alpha^2\beta^2 = L_4 - 1, \; bzw. \frac{18}{3} = 7 - 1,$$

i = 10:
$$\frac{L_{10}}{L_2} = \frac{\alpha^{10} + \beta^{10}}{\alpha^2 + \beta^2} = \alpha^8 + \beta^8 - \alpha^2\beta^2(\alpha^4 + \beta^4) + \alpha^4\beta^4$$
$$= L_8 - L_4 + 1, \; bzw. \frac{123}{3} = 47 - 7 + 1,$$

i = 14
$$\frac{L_{14}}{L_2} = \frac{\alpha^{14} + \beta^{14}}{\alpha^2 + \beta^2} = L_{12} - L_8 + L_4 - 1.$$

Anmerkung:

Ist der Index i = 4n +2 zusätzlich durch 3 teilbar, ist die Lucas-Zahl L_{4n+2} durch 6 teilbar.

Beispiel: $L_{4*4+2} = L_{3*6} = 2*3^3*107$.

c) Teilbarkeit der Lucas-Zahlen durch 5:

Satz: Keine Lucas-Zahl ist durch 5 teilbar.

Beweis:

Annahme: Es gibt eine Lucas-Zahl L_m, die durch 5 teilbar ist.

Dann ist $\dfrac{L_m}{5} = \dfrac{L_m}{F_5} \in N$ und das Quadrat L_m^2 ebenfalls durch 5 teilbar.

Mit II(6) $L_m^2 = L_{m+1} L_{m-1} + 5(-1)^m$, (m > 1), ist dann auch $L_{m+1} L_{m-1} + 5(-1)^m$ durch 5 teilbar, somit auch $L_{m+1} L_{m-1}$ ein Vielfaches von 5.

Ersetzt man L_{m+1} gemäß II(2) durch $L_{m+1} = L_{m-1} + L_m$, so wird $L_{m+1} L_{m-1} = L_{m-1}^2 + L_m L_{m-1}$.

Da nach Voraussetzung L_m durch 5 teilbar ist, muss nunmehr auch L_{m-1}^2 und somit L_{m-1} ein Vielfaches von 5 sein.
Mit $L_{m+1} = L_{m-1} + L_m$ ist dann auch L_{m+1} ein Vielfaches von 5.

Zu einer beliebigen Lucas-Zahl L_m, die durch 5 teilbar ist, sind also auch der Vorgänger und Nachfolger durch 5 teilbar, folglich sind dann alle Lucas-Zahlen durch 5 teilbar. Damit ist die Annahme falsch und es gibt keine Lucas-Zahl, die durch 5 teilbar ist.

d) Teilbarkeit der Lucas-Zahlen durch 7:

Satz: *Alle Lucas-Zahlen, deren Index i ein ungeradzahliges Vielfaches von 4 ist, $i = 4*(2n + 1)$, $n \in N$, sind durch 7 teilbar, d.h. $L_4 = 7$ ist Teiler von L_{4n+2}. Also:*

$$\frac{L_{4*(2n+1)}}{L_4} \in N.$$

Die Behauptung lässt sich wieder durch Induktion zeigen:

Induktionsanfang: Für $n = 1$ ist i = 12 und $L_{12} = 322 = 7*46$ durch 7 teilbar.
Induktionsannahme: Die Behauptung sei für $n = k$ gültig, also L_{8k+4} durch 7 teilbar.
Induktionsschluss: Für $n = k+1$ ist i = 8k + 12.

Wendet man II (2) : $L_{n+1} = L_n + L_{n-1}$ solange an, bis ein Summenterm den Index i = 8k + 4 hat, so erhält man:

$L_{8k+12} = L_{8k+11} + L_{8k+10} =$
$= 2L_{8k+10} + L_{8k+9} =$
$= 3L_{8k+9} + 2L_{8k+8} = \ldots = 34*L_{8k+4} + 21*L_{8k+3}$.

Nach Induktionsannahme ist der erste Summand durch 7 teilbar.

Der zweite Summand enthält im Faktor 21 den Teiler 7, so dass die Summe $34 L_{8k+4} + 21 L_{8k+3} = L_{8k+12}$ durch 7 teilbar ist.
Daraus folgt die Behauptung für alle $n \in N$.

Beispiel (vgl.Tabelle 3, Anhang):

$L_{8*6+4} = L_{52} = 7*103*102193207$.
$L_{8*7+4} = L_{60} = 2*7*23*241*2161*20641$.

e) Teilbarkeit der Lucas-Zahlen durch 11:

Satz: Alle Lucas-Zahlen, deren Index i ein ungeradzahliges Vielfaches von 5 ist, $i = 5*(2n + 1)$, $n \in N$, sind durch 11 teilbar, d.h. L_5 ist Teiler von L_{10n+5}. Also:

$$\frac{L_{5*(2n+1)}}{L_5} \in N.$$

Der Beweis ist analog dem vorigen zu führen:

Induktionsanfang: $n = 1$: $L_{15} = 1364 = 11*124$ durch 11 teilbar.
Induktionsannahme: Die Behauptung sei für $n = k$, richtig, also für $i = 10k + 5$.
Induktionsschluss: Für $n = k+1$ ist $i = 10k + 15$.

Zerlegt man L_{10k+15} wieder gemäß II (2): $L_{n+1} = L_n + L_{n-1}$ solange, bis ein Summenterm den Index $i = 10k + 5$ hat,

so erhält man schließlich: $L_{10k+15} = 55 L_{10k+6} + 34 L_{10k+5}$.

Da 55 ein Vielfaches von 11 ist und gemäß Induktionsannahme L_{10k+5} durch 11 teilbar ist, ist die Behauptung für k+1 und somit für alle n richtig.

Beispiele (vgl. Tabelle 3, Anhang):

$L_{10*4+5} = L_{45} = 2^2 * \mathbf{11} * 19 * 31 * 181 * 541$
$L_{10*5+5} = L_{55} = \mathbf{11^2} * 199 * 331 * 39161$.

Die speziellen Teilbarkeitsregeln a) – e) für Lucas-Zahlen lassen sich verallgemeinern:

Aus L_2 Teiler von $L_{2(2n+1)}$, (vgl. b), L_3 Teiler von $L_{3(2n+1)}$, (25b), L_4 Teiler von $L_{4(2n+1)}$, (vgl. d), usw., lässt sich auf folgenden Satz schließen:

Satz: *Jede Lucas-Zahl $L_t > 1$ ist echter Teiler aller Lucas-Zahlen, deren Index i ein ungeradzahliges Vielfaches von t ist, i = t(2n+1), also:*

$$\frac{L_{t*(2n+1)}}{L_t} \in N \text{, für alle } t, n \in N. \tag{26}$$

Beweis durch Induktion:

Sei $L_t > 1$. Dann ist die Behauptung, dass L_t für alle $n \in N$ Teiler von L_{2tn+t} ist.

Induktionsanfang: n = 1: L_t ist Teiler von L_{3t}, da mit II(1) stets:

$$L_{3t} = \alpha^{3t} + \beta^{3t} = (\alpha^t + \beta^t)(\alpha^{2t} + \beta^{2t} - \alpha^t \beta^t) = L_t(L_{2t} - (-1)^t),$$

also: $L_{3t} = L_t N_1 \in N$.

Induktionsannahme: n = k: L_t Teiler aller $L_{t(2k+1)}$, bzw: $L_{t(2k+1)} = L_t N_k$.
Induktionsschluss: n = k+1.

$L_{t(2k+3)} = L_{2kt+3t-1} + L_{2kt+3t-2} = 2L_{2kt+3t-2} + L_{2kt+3t-3} = 3L_{2kt+3t-3} + 2L_{2kt+3t-4} = \ldots$

In der Folge durchlaufen die Koeffizienten der Lucas-Zahlen die Fibonacci-Folge, und man erhält nach 2t – 1 Schritten:

$L_{t(2k+3)} = F_{2t}L_{2kt+3t-2t+1} + F_{2t-1}L_{2kt+3t-2t} = F_t L_t L_{2kt+t+1} + F_{2t-1}L_{2kt+t}$,

mit der Induktionsannahme $L_{2kt+t} = L_t N_k$ ist dann:

$L_{t(2k+3)} = F_t L_t L_{2kt+t+1} + F_{2t-1} L_t N_k = L_t (F_t L_{2kt+t+1} + F_{2t-1} N_k) = L_t N_{k+1}$.

Damit ist die Behauptung (26) für alle $n \in N$ bewiesen.

Folgerung:

Ist der Index p einer Lucas-Zahl prim, so hat L_p keinen Lucas-Teiler. Insbesondere ist L_p, p prim, durch keine Primzahl $z < 13$ teilbar.

Anmerkung:

Eine zu der Beziehung (17) für prime Fibonacci-Zahlen analoge Beziehung existiert für die Lucas-Zahlen nicht:

Lucas-Zahlen mit primem Index p können durchaus Teiler haben, die allerdings dann keine Lucas-Zahlen und größer als 11 sind.

Beispiele für i < 60 sind dies (vgl.Tabelle 3, Anhang):

$L_{23} = 139*461$, $L_{29} = 59*19489$, $L_{43} = 6709*144481$, L_{59}.

Andererseits können prime Lucas-Zahlen durchaus einen nichtprimen Index haben.

Beispiele für i < 60 sind dies (vgl.Tabelle 3, Anhang):

$L_4 = 7$, $L_8 = 47$ und $L_{16} = 2207$ prim (die Indizes der übrigen primen Lucas-Zahlen mit i < 60 sind selbst prim (Pp, vgl.Tabelle 3, Anhang)).

Mit (26) ist jede Lucas-Zahl L_p mit primem Index p für alle $n \in N$ Teiler von $L_{p(2n+1)}$.

Beispiele (vgl.Tabelle 3, Anhang):

p = 7, also $L_p = 29$, dann ist 29 Teiler von
$L_{3p} = L_{21} = 2^2*\mathbf{29}*211$,
$L_{5p} = L_{35} = 11*\mathbf{29}*71*911$,
$L_{7p} = L_{49} = \mathbf{29}*599786069$, ... ,

p = 11, also $L_p = 199$, dann ist 199 Teiler von
$L_{3p} = L_{33} = 2^2*\mathbf{199}*9901$,
$L_{5p} = L_{55} = 11^2*\mathbf{199}*331*39161$, ...

Weitere Teilbarkeitsregeln für die Lucas-Zahlen sind nicht ohne Weiteres ersichtlich.

8. Zusammenfassung zu III:

Folgende Teilbarkeitssätze lassen sich für die Fibonacci- und Lucas-Zahlen zeigen:

Index i gerade: $i = 2n$ $\quad F_{2n} = F_n \cdot L_n$ $\hfill$ (1')

Index i ungerade: $i = 2n + 1$, F_{2n+1} *nicht teilbar durch*
3, 7, 11, 19, 23, 29, 47, 89, 199, 233, 521 ... *(vgl.6.a)*

Index i durch 3 teilb.: $i = 3n$ $\Rightarrow$ F_{3n} *geradzahlig.* $\hfill$ (5)

Index i durch m teilb.: $i = mn$ $\Rightarrow$ F_{mn} *durch* F_m *und* F_n
teilbar. $\hfill$ (10)

$$\frac{F_{(k+1)n}}{F_n} = \sum_{i=0}^{[k/2]} (-1)^{i*n} L_{(k-2i)*n} \qquad (8'')$$

F_p *prim* $(p > 4)$ $\quad \Rightarrow \quad$ *Index* p *prim.* $\hfill$ (17)

$t > 2$: $\quad ggT(a;b) = t \Leftrightarrow ggT(F_a; F_b) = F_t$ $\hfill$ (23)

$t = 2$: $\quad ggT(a;b) = 2 \Rightarrow ggT(F_a; F_b) = 1$ $\hfill$ (23')

$t = 1$: $\quad ggT(a; b) = 1 \Rightarrow ggT(F_a; F_b) = 1$ $\hfill$ (20)

$\quad ggT(F_a; F_b) = 1 \Rightarrow ggT(a; b) \leq 2$, $\hfill$ (23'')

insbesondere gilt für p prim:

$\quad ggT(i; p) = p \quad \Leftrightarrow \quad ggT(F_i; F_p) = F_p$ $\hfill$ (20')

Teilbarkeit der Lucas-Zahlen:

Alle Lucas-Zahlen mit Index $n = 3i$ sind gerade, also durch 2 teilbar.

Satz von Lucas:
$$ggT(F_n; L_n) = \begin{cases} 2 & \text{falls } n = 3i \\ 1 & \text{andernfalls} \end{cases} \quad (25)$$

Dabei gilt für:

i gerade: L_{3*2n} *ist nicht durch 4 teilbar,*

$$L_{6n} = 2*U_n, \quad U_n \text{ ungeradzahlig,} \quad (25a)$$

i ungerade: $L_{3*(2n+1)}$ *ist nicht durch 8 teilbar,*

$$L_{6n+3} = 2^2 * K_n, \quad K_n \text{ ungeradzahlig.} \quad (25b)$$

Allgemein gilt:

$$\frac{L_{t*(2n+1)}}{L_t} \in N, \text{ für alle } t, n \in N. \quad (26)$$

Alle Lucas-Zahlen mit Index $i = 4n + 2$ sind durch 3 teilbar, bzw. L_2 ist Teiler von $L_{2(2n+1)}$.

Alle Lucas-Zahlen mit Index $i = 8n + 4$ sind durch 7 teilbar, bzw. L_4 ist Teiler von $L_{4(2n+1)}$.

Alle Lucas-Zahlen mit Index $i = 10n + 5$ sind durch 11 teilbar, bzw. L_5 ist Teiler von $L_{5(2n+1)}$.

Keine Lucas-Zahl ist durch 5 teilbar.

IV. Über den Zusammenhang der Fibonacci-Zahlen mit den pythagoreischen Zahlentripeln

1. Pythagoreische Zahlentripel

Die Gleichung $a^n + b^n = c^n$, $n \in N$, hat nur für n = 2 Lösungen für das Zahlentripel a, b, c mit $a, b, c \in N$.

Diese Vermutung ist unter dem Namen Fermat'sche Vermutung bekannt. Für n = 2 sind die Lösungen (a;b;c) mit a, b, c $\in$ N sogenannte pythagoreische Zahlentripel, weil sie als ganzzahlige Seitenlängen rechtwinkliger Dreiecke den Satz des Pythagoras erfüllen.
Das einfachste pythagoreische Zahlentripel besteht aus den Zahlen 3,4,5 mit $3^2 + 4^2 = 5^2$.

Prinzipiell gibt es beliebige rechtwinklige Dreieck mit Seitenlängen, deren Maßzahlen a, b, c allgemeine, reelle Zahlen sind, für die dann selbstverständlich auch $a^2 + b^2 = c^2$ gilt. Unter dem Begriff "pythagoreische Tripel" versteht man aber ausschließlich drei natürliche Zahlen a, b, und c, die die Beziehung $a^2 + b^2 = c^2$ erfüllen.

Jedes pythagoreische Zahlentripel P lässt sich als Klasse abzählbar unendlicher Tripel erkennen. Denn mit (a, b, c) ist auch (na, nb, nc) für alle n $\in$ N ein pythagoreisches Tripel.

$a^2 + b^2 = c^2 \Rightarrow (na)^2 + (nb)^2 = n^2(a^2 + b^2) = (nc)^2$

So gehören zur Klasse $P_1(3,4,5)$ demnach die unendlich vielen Tripel (3n,4n,5n), $n \in N$, also zum Beispiel:

(6,8,10), (9,12,15), (12,16,20) usw.

Im Folgenden sollen die Tripel, die eine Klasse bestimmen, betrachtet werden.

2. Erstellung pythagoreischer Tripel

Für die Erstellung weiterer Klassen pythagoreischer Tripel gibt es mehrere bekannte Formeln:

So erhält man zum Beispiel aus zwei natürlichen Zahlen x und y, mit $x > y$, die Tripel:

$$a = x^2 - y^2, \quad b = 2xy, \quad c = x^2 + y^2, \qquad (1)$$

Die Gültigkeit von $(x^2-y^2)^2 + 4(xy)^2 = (x^2 + y^2)^2$ ist unmittelbar ersichtlich. Dabei ergibt sich, dass b stets geradzahlig ist.

<u>Beispiele:</u>
Für $x = 2$, $y = 1$ ergibt sich das genannte einfachste Tripel (3,4,5).

Für $x = 3$, $y = 1$ erhält man das Tripel (6, 8, 10), das zur selben Klasse gehört.

Für $x = 3$, $y = 2$ erhält man das Tripel (5, 12, 13), das eine neue Klasse definiert.

Eine weitere Formel zur Erstellung pythagoreischer Zahlen ist:

$$a = u, \quad b = (u^2 - 1)/2, \quad c = (u^2 + 1)/2 = b + 1, \qquad (2)$$

mit $u \in N$, $u > 1$, u ungerade und $b \in N$.

<u>Beispiel:</u>

$u = 3$, $u^2 = 9$ ergibt wieder das einfachste Tripel (3,4,5).

$u = 5$, $u^2 = 25$ ergibt (5, 12, 13), für $u = 7$, $u^2 = 49$ ergibt (7, 24, 25).

Berechnet man in (2) die Quadrate von a, b und c, so ist sofort ersichtlich, dass die Beziehung $a^2 + b^2 = c^2$ für jedes $u \in R$ erfüllt ist:

$$a^2+b^2 = u^2+\frac{u^4-2u^2+1}{4} = \frac{u^4+2u^2+1}{4} = \left(\frac{u^2+1}{2}\right)^2 = c^2.$$

Da für pythagoreische Tripel aber nur natürliche Zahlen a,b,c in Frage kommen, ist u ∈ N vorauszusetzen, sowie die Bedingung zu stellen, dass $u^2 + 1$ und $u^2 - 1$ geradzahlig sind. Dann sind a, b und c natürliche Zahlen.

Da für alle geraden Zahlen 2n gilt, dass das Quadrat wieder gerade ist: $(2n)^2 = 4n^2$,
für ungerade Zahlen 2n + 1 analog, dass das Quadrat ungerader Zahlen wieder ungerade ist: $(2n+1)^2 = 4n^2+4n+1$,
folgt für $u^2 + 1$:

$$u^2+1 \text{ gerade} \Leftrightarrow u^2 \text{ ungerade} \Leftrightarrow u \text{ ungerade}.$$

Wie im Folgenden gezeigt wird, lässt sich die Formel (2) direkt herleiten für die Fibonacci-Zahlen mit primem Index p:

3. Pythagoreische Zahlentripel aus Fibonacci-Zahlen

Satz: *Jede Fibonacci-Zahl F_p mit einem primen Index p > 3 lässt sich als Ausgangszahl a eines pythagoreischen Tripels verwenden.*

Für p prim, p > 3, also p ungerade, sind p - 1 und p+1 jeweils gerade.

Die Beziehung I(15): $F_p^2 - F_{p+1} F_{p-1} = (-1)^{p-1}$ wird für gerades p - 1 zu:

$$F_p^2 = F_{p+1} F_{p-1} + 1,$$

oder: $\quad F_p^2 - 1 = F_{p+1} F_{p-1}.$

(3)

Weiter gilt für p > 3 $\Rightarrow$ F_p > 2, p prim $\Rightarrow$ F_p ungerade.

Da F_p^2 als Quadrat einer ungeraden Zahl ungerade ist, ist $F_p^2 - 1$ gerade. Mit (3) ist demnach $F_{p+1} \cdot F_{p-1}$ gerade und somit

$$\frac{F_{p+1} F_{p-1}}{2} = b \in N.$$

Addiert man zu (3) das Quadrat von $\frac{F_{p+1} F_{p-1}}{2}$, also b², so erhält man

$$F_p^2 + b^2 = b^2 + F_{p+1} \cdot F_{p-1} + 1.$$

Dann ist:
$$F_p^2 + b^2 = b^2 + 2b + 1. \tag{3'}$$

Da mit b auch c = b + 1 eine natürliche Zahl ist und c² = (b + 1)² die rechte Seite von (3') darstellt, ist gezeigt, dass sich zu jeder Fibonacci-Zahl F_p mit primem Index ein pythagoreisches Tripel (a, b, c) finden lässt mit

$$a = F_p, \quad b = F_{p+1} F_{p-1}/2, \quad c = F_{p+1} F_{p-1}/2 + 1. \tag{4}$$

Aus $F_p^2 = 2b + 1$ (3) lässt sich b direkt aus F_p erstellen, somit ist:

$$a = F_p, \quad b = (F_p^2 - 1)/2, \quad c = b + 1 \tag{4'}$$

(4') entspricht Formel (2) mit u = F_p.

Satz: *Jedes pythagoreische Tripel, das von einer Fibonacci-Zahl F_p mit primem Index p > 3 erzeugt wird, bestimmt eine eigene Klasse pythagoreischer Tripel.*

Die Annahme, das Tripel mit der Ausgangszahl F_p, p prim, gehöre zur Klasse mit der Ausgangszahl F_r, r prim, $r \neq p$, führt sofort zum Widerspruch, da dann $F_p = n F_r$, n $\in$ N, sein müsste, also einen Fibonacci-Teiler hätte, was aber bei primem Index nicht möglich ist (vgl.III,6.b).

Ist aber der Index i einer Fibonacci-Zahl F_i nicht prim, dann ist wegen III,6.a F_i nicht prim und gemäß III(14) ist jede Fibonacci-Zahl, deren Index Teiler von i ist, Teiler von F_i und somit auch die Fibonacci-Zahlen mit primem Index.

Damit gehört jedes pythagoreische Tripel, dessen Ausgangszahl eine Fibonacci-Zahl mit nichtprimem Index i > 6, i $\neq$ 9 ist, zu einer Klasse pythagoreischer Tripel, die von einer Fibonacci-Zahl mit primem Index p > 3 oder einer Primzahl erzeugt ist, die keine Fibonacci-Zahl ist.

Geradzahlige Fibonacci-Zahlen, also solche mit einem Index i = 3n, i > 6, n $\in$ N, die F_3 = 2 nur einmal in der Primfaktorzerlegung enthalten, bilden Tripel, die keine eigene Klasse generieren, vielmehr zu einer Klasse gehören, die man erhält, wenn $0{,}5*F_{3n}$ als Erzeugende betrachtet wird.

Ist nämlich der Primfaktor 2 nur einmal in der Primfaktorzerlegung einer natürlichen Zahl F vertreten, so ist $0{,}5*F$ ungerade.

Beispiel:

F_9 = 34 = 2*17 erzeugt das Tripel (34; 288; 290).
(34; 288; 290) = (2*17; 2*144; 2*145).

Die Erzeugende dieser Klasse, 17, ist selbst keine Fibonacci-Zahl.

Die Fibonacci-Zahlen mit nichtprimem i $\leq$ 6, das sind F_4 und F_6, gehören zu keiner Klasse mit Ausgangszahl F_p, p prim, da für p $\leq$ 3 kein pythagoreisches Tripel erzeugt wird.

F_4 und F_6 bestimmen aber selbst jeweils eine eigene Klasse pythagoreischer Tripel, dessen Ausgangstripel gemäß (1) bestimmt wird.

Das bedeutet, dass folgender Satz gilt:

Satz: *Jede Fibonacci-Zahl mit Index i > 6, i $\neq$ 9, erzeugt ein pythagoreisches Tripel, das nur dann eine Klasse bestimmt, wenn der Index i der Ausgangszahl prim ist. Andernfalls ist das entstandene Tripel zu einer bereits bestehenden Klasse gehörig.*

Beispiele:

Man erhält zu:

F_4 = 3 gemäß (1):
 für x = 2, y = 1: a = $x^2 - y^2 = F_4$
 das 1.Tripel: (3; 4; 5),

F_5 = 5 gemäß (4'):
 a = F_p, b = $(F_p^2 - 1)/2$, c = b + 1:
 das 2. " : (5; 12; 13),

F_6 = 8 gemäß (1):
 für x = 3, y = 1: a = $x^2 - y^2 = F_6$
 das 3.Tripel: (8; 15; 17),

F_7 = 13 gemäß (4'):
 a = F_p, b = $(F_p^2 - 1)/2$, c = b + 1:
 das 4. Tripel: (13; 84; 85),

F_8 = 21 = 7*F_4:   (21; 28; 35) = (7*3; 7*4; 7*5),

$F_9 = 34 = 2*17$: (34; 288; 290) = (2*17; 2*144; 2*145),

$F_{10} = 55 = 11*F_5$: (55; 132; 143) = (11*5; 11*12; 11*13),

$F_{11} = 89$ gemäß (4'):
$a = F_p$, $b = (F_p^2 - 1)/2$, $c = b + 1$:
das 5. Tripel: (89; 3960; 3961),

$F_{12} = 144 = 48*F_4$: (144; 192; 240) = (48*3; 48*4; 48*5),

$F_{13} = 233$ gemäß (4'):
$a = F_p$, $b = (F_p^2 - 1)/2$, $c = b + 1$:
das 6. Tripel: (233; 27144; 27145),

usw.

In diesen Tripeln (a,b,c) ist jeweils die Differenz $c - b = k$ gleich dem Faktor, mit dem das einfachste Tripel der entsprechenden Klasse multipliziert ist.

Die nichtprimen Fibonacci-Zahlen mit primem Index können außer der Klasse pythagoreischer Tripel gemäß (4) noch weitere Klassen solcher Tripel erzeugen entsprechend ihrer Primfaktorzerlegung:

So erhält man aus der nichtprimen Fibonacci-Zahl $F_{19} = 4181 =$
$= 37*113$ (mit primem Index 19) mit (4') das pythagoreische Tripel: $a = 4181$ $b = 8740380$ $c = 8740381$.

Weiter führen natürlich auch die beiden ungeraden Primfaktoren der Zerlegung von $4181 = 37*113$ auf dieselbe Weise (2) zu neuen pythagoreischen Tripeln, die allerdings nicht von Fibonacci-Zahlen erzeugt sind:

Zum Primfaktor 37 erhält man: $a = 37$ $b = 684$ $c = 685$
Zum Primfaktor 113: $a = 113$ $b = 6384$ $c = 6385$.

Anmerkung:

Aus (4) ist ersichtlich, dass für wachsendes p der Wert von b sich an c annähert, also die Länge der großen Kathete nahezu die Länge der Hypotenuse erreicht.

Im Beispiel ist bereits bei

$p = 11$: $\quad \dfrac{b}{c} = \dfrac{3960}{3961} \approx 0{,}99975$, für

$p = 19$: $\quad \dfrac{b}{c} = \dfrac{8740380}{8740381} \approx 0{,}99999$.

4. Weitere Formeln für pythagoreische Zahlentripel aus Fibonacci- und Lucas-Zahlen

Weitere Beziehungen für pythagoreische Tripel aus Fibonacci-und Lucas-Zahlen lassen sich aus der Formel (1) entwickeln:

Aus (1) ergibt sich zunächst mit $x = L_n$ und $y = F_n$, $L_n > F_n$ für Index $n > 1$:

$$a = L_n^2 - F_n^2, \quad b = 2L_n F_n, \quad c = L_n^2 + F_n^2, \tag{5}$$

Wie in (1) bestätigt man leicht, dass $a^2 + b^2 = c^2$ ist.

Aus (5) ergibt sich weiter mit Hilfe der Beziehungen zwischen Fibonacci-Zahlen und Lucas-Zahlen II(11) und III(1) eine Beziehung, die nur noch F_n und F_{2n} enthält.

Mit II(11): $L_n^2 = 5 F_n^2 + 4(-1)^n$ wird $a = 4 F_n^2 + 4(-1)^n$, und $6 F_n^2 + 4(-1)^n$, mit III(1): $L_n F_n = F_{2n}$ wird $b = 2F_{2n}$, somit

$$a = 4[F_n^2 + (-1)^n], \quad b = 2F_{2n}, \quad c = 6 F_n^2 + 4(-1)^n. \tag{5'}$$

Beispiel: Index $n = 6$:

$$a = 4[F_6^2 + 1], \quad b = 2F_{12}, \quad c = 6F_6^2 + 4,$$

also mit $F_6 = 8$:

$$a = 260, \quad b = 288, \quad c = 388.$$

Aus (1) ergibt sich weiter mit $x = F_n$ und $y = F_{n-1}$ für Index $n > 1$:

$$a = F_n^2 - F_{n-1}^2, \quad b = 2F_n F_{n-1}, \quad c = F_n^2 + F_{n-1}^2,$$

Mit der rekursiven Definition der Fibonacci-Zahlen $F_n = F_{n-1} + F_{n-2}$, bzw. $F_{n-2} = F_n - F_{n-1}$ sind weitere Umformungen möglich:

$F_n^2 - F_{n-1}^2 = (F_n - F_{n-1})(F_n + F_{n-1}) = F_{n-2} F_{n+1}$, also $a = F_{n-2} F_{n+1}$, und wegen $F_{n-2}^2 = (F_n - F_{n-1})^2 = F_n^2 + F_{n-1}^2 - 2F_{n-1}F_n$ lässt sich c umformen: $c = F_n^2 + F_{n-1}^2 = F_{n-2}^2 + 2F_{n-1}F_n = F_{n-2}^2 + b$.

Damit erhält man:

$$a = F_{n-2}F_{n+1}, \quad b = 2F_{n-1}F_n \quad c = F_{n-2}^2 + 2F_n F_{n-1}. \tag{6}$$

Für c ergibt sich wegen mit III(4): $F_n^2 + F_{n-1}^2 = F_{2n-1}$ auch der Ausdruck $c = F_{2n-1}$.

Beispiel:

Index $n = 6$: $F_7 = 13$, $F_6 = 8$, $F_5 = 5$, $F_4 = 3$.
$F_{2n-1} = F_{11} = 89$.

Dann ist:
$$a = 3*13 = 39, \quad b = 2*5*8 = 80, \quad c = 3^2 + b = 89 = F_{11}.$$

Analog erhält man für Lucas-Zahlen:

$$a = L_n^2 - L_{n-1}^2, \quad b = 2L_n L_{n-1}, \quad c = L_n^2 + L_{n-1}^2$$

durch Anwendung der rekursiven Definition II(2):

$$a = L_{n-2}L_{n+1}, \quad b = 2L_{n-1}L_n \quad c = L_{n-2}^2 + 2L_n L_{n-1}. \tag{6'}$$

Beispiel:

Index $n = 6$: $L_7 = 29$, $L_6 = 18$, $L_5 = 11$, $L_4 = 7$. Dann ist:

$a = 203, \quad b = 396, \quad c = 445.$

Anmerkung:

Mit Fibonacci- und Lucas-Zahlen lassen sich auch Tripel konstruieren, in denen eine Zahl irrational ist.

(a) So erhält man direkt aus der Beziehung III(4): $F_n^2 + F_{n-1}^2 = F_{2n-1}$ das Tripel:

$$a = F_n, \quad b = F_{n-1}, \quad c = \sqrt{F_{2n-1}}.$$

Damit lassen sich beispielsweise die Wurzeln aus den ungeraden Fibonacci-Zahlen F_{2n-1} konstruieren, indem ein rechtwinkliges Dreieck aus den ganzzahligen Kathetenlängen F_n und F_{n-1} konstruiert wird, dessen Hypotenuse die Länge $\sqrt{F_{2n-1}}$ hat.

(b) Benutzt man die schließlich den Zusammenhang der Fibonacci- und Lucas-Zahlen mit den Größen α und β des Goldenen Schnitts (vgl. I), so lassen sich ebenfalls zwei natürliche Zahlen angeben, die in Kombination mit einer dritten Seitenlänge als Vielfaches von $\sqrt{5}$ die Beziehung $a^2 + b^2 = c^2$ erfüllen.

Denn mit:

α und β aus I(8): α*β = -1,   α - β = $\sqrt{5}$,

und

$F_i = \dfrac{\alpha^i - \beta^i}{\alpha - \beta}$ (I(10)), bzw. $\sqrt{5} * F_i = \alpha^i - \beta^i$, (s. I(10')),

sowie: $L_i = \alpha^i + \beta^i$ wird

für *Index i = 2n,* also i geradzahlig:

$$\begin{aligned} a &= \alpha^{2n} - \beta^{2n} & &= \sqrt{5} * F_{2n}, \\ b &= 2\sqrt{\alpha^{2n}\beta^{2n}} & &= 2, \\ c &= \alpha^{2n} + \beta^{2n} & &= L_{2n}, \end{aligned}$$

bzw. für *Index i = 2n-1,* also i ungeradzahlig:

$$\begin{aligned} a &= \alpha^{2n-1} + \beta^{2n-1} & &= L_{2n-1}, \\ b &= 2\sqrt{|\alpha^{2n-1}\beta^{2n-1}|} & &= 2, \\ c &= \alpha^{2n-1} - \beta^{2n-1} & &= \sqrt{5} * F_{2n-1}. \end{aligned}$$

Dies ist auch aus II (11) ersichtlich:

$$L_n^2 = 5 F_n^2 + 4(-1)^n,$$

das für *geradzahligen Index i = 2n* zu:

$$5 F_{2n}^2 + 4 = L_{2n}^2$$

wird.

Somit erfüllen

$$a = \sqrt{5} * F_{2n}, \quad b = 2, \quad c = L_{2n} \qquad (7)$$

wie oben die Beziehung $a^2 + b^2 = c^2$.

Für *ungeradzahligen* Index $i = 2n-1$ ergibt sich entsprechend aus II (11):

$$L_{2n-1}^2 + 4 = 5F_{2n-1}^2,$$

das Tripel:

$$a = L_{2n-1}, \quad b = 2, \quad c = \sqrt{5} * F_{2n-1}. \tag{7'}$$

Erkennbar ist: Ist der Index i der das Tripel erzeugenden Fibonacci-Zahl F_i geradzahlig, so hat im rechtwinkligen Dreieck die Kathete a eine irrationale Länge, ist dagegen der Index i ungeradzahlig, so hat die Hypotenuse c eine irrationale Länge.

Beispiele:

$i = 1$: $a = L_1 = 1,$ $b = 2,$ $c = \sqrt{5} * F_1 = \sqrt{5}$
$i = 2$: $a = \sqrt{5} * F_2 = \sqrt{5},$ $b = 2,$ $c = L_2 = 3$
$i = 3$: $a = L_3 = 4,$ $b = 2,$ $c = \sqrt{5} * F_3 = 2\sqrt{5}$
$i = 4$: $a = \sqrt{5} * F_4 = 3\sqrt{5}$ $b = 2,$ $c = L_4 = 7$
$i = 5$: $a = L_5 = 11,$ $b = 2,$ $c = \sqrt{5} * F_5 = 5\sqrt{5}$,

usw.

Anmerkung:

Für wachsenden Index i nähert sich der Wert von a, also die Länge der großen Kathete an den Wert von c, also an die Hypotenuse an, vgl. folgende Beispiele:

Beispiele:

i = 12: a = $F_{12} * \sqrt{5}$ = $144 * \sqrt{5}$ ≈ 321,99..,
  b = 2,
  c = L_{12} = 322

$$\frac{a}{c} \approx 0{,}9999807...$$

i = 13: a = L_{13} = 521,
  b = 2,
  c = $F_{13} * \sqrt{5}$ = $233 * \sqrt{5}$ ≈ 521,0038..,

$$\frac{a}{c} \approx 0{,}9999926... \quad .$$

i = 14: a = $F_{14} * \sqrt{5}$ = $377 * \sqrt{5}$ ≈ 842,997..,
  b = 2,
  c = L_{14} = 843

$$\frac{a}{c} \approx 0{,}99999718... \quad .$$

Im Thaleskreis mit Durchmesser c = 84,3 cm wäre hierbei die große Kathete a nahezu gleich der Hypotenuse c bei einem Winkel α zwischen a und c von α ≈ 0,14°; die kleine Kathete wäre b = 2 mm.

5. Zusammenfassung zu IV:

Bekannte Formeln für die Erstellung pythagoreischer Zahlentripel (a,b,c) mit $a,b,c \in N$ und $a^2 + b^2 = c^2$ lassen sich durch die Fibonacci- und Lucas-Zahlen darstellen:

$$a = x^2 - y^2 \qquad b = 2xy \qquad c = x^2 + y^2 \qquad (1)$$

$$a = u, \quad b = (u^2 - 1)/2, \quad c = (u^2 + 1)/2 = b + 1,$$
$$\text{mit } u \in N, \ u > 1, \ u \text{ ungerade.} \qquad (2)$$

Für Fibonacci-Zahlen mit primem Index p gilt dann:

p prim $\Rightarrow$

$$a = F_p \qquad b = F_{p+1} F_{p-1}/2 \qquad c = F_{p+1} F_{p-1}/2 + 1 \qquad (4)$$

$$a = F_p \qquad b = (F_p^2 - 1)/2 \qquad c = b + 1 \qquad (4')$$

bilden pythagoreische Tripel.

Allgemein gilt für Fibonacci-Zahlen und Lucas-Zahlen:

$$a = L_n^2 - F_n^2 \qquad b = 2 L_n F_n \qquad c = L_n^2 + F_n^2 \qquad (5)$$

bzw. nur mit Fibonacci-Zahlen:

$$a = F_{n-2} F_{n+1} \qquad b = 2 F_{n-1} F_n \qquad c = F_{n-2}^2 + 2 F_n F_{n-1} \qquad (6)$$

bzw. nur mit Lucas-Zahlen:

$$a = L_{n-2} L_{n+1} \qquad b = 2 L_{n-1} L_n \qquad c = L_{n-2}^2 + 2 L_n L_{n-1} \qquad (6')$$

erzeugen pythagoreische Tripel.

Tripel aus Fibonacci- und Lucas-Zahlen mit irrationalem a, bzw. c
(α und β aus I(8): $\alpha\beta = -1$, $\alpha - \beta = \sqrt{5}$)
sind:

für *Index i = 2n (geradzahlig):*

$$a = \alpha^{2n} - \beta^{2n}, \quad b = 2\sqrt{\alpha^{2n}\beta^{2n}}, \quad c = \alpha^{2n} + \beta^{2n}$$

bzw.:
$$a = \sqrt{5}\, F_{2n}, \quad b = 2, \quad c = L_{2n} \tag{7}$$

für *Index i = 2n-1 (ungerade):*

$$a = \alpha^{2n-1} + \beta^{2n-1}, \quad b = 2\sqrt{|\alpha^{2n-1}\beta^{2n-1}|}, \quad c = \alpha^{2n-1} - \beta^{2n-1}$$

bzw.:
$$a = L_{2n-1}, \quad b = 2, \quad c = \sqrt{5}\, F_{2n-1} \tag{7'}$$

V. Über den Zusammenhang der Fibonacci- und Lucas-Zahlen mit abc-Tripeln

1. Fibonacci-abc-Tripel

Unter einem abc-Tripel versteht man drei natürliche zueinander teilerfremde Zahlen a, b und c, für die die Beziehung a + b = c gilt.

Satz: *Je drei aufeinanderfolgende Fibonacci-Zahlen F_n, F_{n+1}, F_{n+2} (n > 2) sind abc-Tripel, kurz Fibonacci-abc-Tripel.*

Zunächst ist klar, dass aus der rekursiven Definition der Fibonacci-Folge (I, 14)

$$F_1 = F_2 = 1, \qquad F_n + F_{n+1} = F_{n+2},$$

die Bedingung a + b = c für je drei aufeinanderfolgende Fibonacci-Zahlen erfüllt ist.

Weiter ist die Teilerfremdheit zweier aufeinanderfolgender Fibonacci-Zahlen der Fibonacci-Folge (F_n) in III(22) gezeigt.

Somit ist für n > 2 sowohl F_n teilerfremd zu F_{n+1}, sowie F_{n+1} teilerfremd zu F_{n+2}. Dann ist auch F_n teilerfremd zu F_{n+2}.

Denn die Annahme, es gäbe einen gemeinsamen Teiler k von F_n und F_{n+2}, also $F_{n+2} = kF_n$, führt mit I(14) zu:

$$F_n + F_{n+1} = kF_n.$$

Division durch F_n ergibt $k = 1 + F_{n+1}/F_n$, und wegen der Teilerfremdheit von F_{n+1} und F_n ist dann k keine natürliche Zahl, was im Widerspruch zur Annahme steht.

Damit sind für n > 2 also jeweils drei aufeinanderfolgende Fibonacci-Zahlen sogenannte abc-Tripel.

Anmerkung:

Jedes Fibonacci-abc-Tripel (F_i, F_{i+1}, F_{i+2}) besteht stets aus zwei ungeraden und einer geraden Zahl.

Dies ist direkt am Aufbau der Zahlenfolge erkennbar, da die Summe zweier ungerader Zahlen $(2n+1) + (2m+1)$ stets gerade, die Summe einer ungeraden und einer geraden Zahl $(2n+1) + 2m$ stets ungerade ist.

Die Abfolge gerader (G) und ungerader Zahlen (U) mit geradem (g) oder ungeradem (u) Index sieht für die Fibonacci-Folge demnach folgendermaßen aus:

$$...G_u U_g U_u G_g U_u U_g G_u U_g U_u G_g... \ . \qquad (1)$$

Daraus lassen sich 6 Typen T_i von Fibonacci-abc-Tripeln bilden:

$(G_u U_g U_u)$, $(U_g U_u G_g)$, $(U_u G_g U_u)$, $(G_g U_u U_g)$, $(U_u U_g G_u)$, $(U_g G_u U_g)$
$\ \ T_1 \qquad\ \ T_2 \qquad\quad T_3 \qquad\quad T_4 \qquad\quad T_5 \qquad\quad T_6$ (2)

Die ersten beiden Fibonacci-Tripel zu i = 1: (1; 1; 2), bzw. i = 2: (1; 2; 3) sind keine echten abc-Tripel, da wegen der vorkommenden Zahl 1 die Teilerfremdheit nicht gegeben ist.

Ab i = 3 ergeben sich dann der Reihe nach die Fibonacci-abc-Tripel folgendermaßen:

$\quad T_1 \qquad\quad T_2 \qquad\quad T_3 \qquad\quad T_4 \qquad\quad T_5 \qquad\quad T_6$
$(F_3 F_4 F_5)\ \ (F_4 F_5 F_6)\ \ (F_5 F_6 F_7)\ \ (F_6 F_7 F_8)\ \ (F_7 F_8 F_9)\ \ (F_8 F_9 F_{10})$

$(F_9 F_{10} F_{11})\ (F_{10} F_{11} F_{12})\ (F_{11} F_{12} F_{13})\ (F_{12} F_{13} F_{14})\ (F_{13} F_{14} F_{15})\ (F_{14} F_{15} F_{16})$
... (2')

Dabei erhöhen sich die Indizes der Fibonacci-Zahlen innerhalb eines Tripel-Typs mit jeder Zeile um 6.

2. Anordnung der Zahlen eines Fibonacci-abc-Tripels

Für die drei aufeinanderfolgenden Fibonacci-Zahlen des n-ten Fibonacci-abc-Tripels $(F_n, F_{n+1}, F_{n+2}) = (a,b,c)$, $n > 2$, gelten folgende Anordnungen:

$$F_n < F_{n+1} < F_{n+2} \Rightarrow a < b < c.$$

Dies ist gemäß der Definition der streng monoton wachsenden Fibonacci-Folge in I,4. klar.

Daher ist $2a < c$ und $2b > c$, also $2a < c < 2b$, bzw.:

$$2 F_n < F_{n+2} < 2 F_{n+1}.$$

Wegen (I,7.)
$$1 < F_{n+1}/F_n < 2 \quad (n > 3)$$

erhält man durch Multiplikation mit F_n :

$$F_n < F_{n+1} < 2F_n$$

und somit:

$$a < b < 2a < c < 2b, \text{ bzw:}$$

$$F_n < F_{n+1} < 2F_n < F_{n+2} < 2 F_{n+1}.$$

Da mit (1) auch $\dfrac{c}{a} = \dfrac{a+b}{a} = 1 + \dfrac{b}{a} < 1 + 2$ ist, folgt:

$$c < 3a, \text{ bzw: } F_{n+2} < 3 F_n.$$

Aus I,6., I,7. ist bekannt, dass der Grenzwert der Folge (F_{n+1}/F_n) die Zahl Φ ist, sowie dass für alle Folgenterme mit $n > 3$ gilt:

$$1{,}5 < F_{n+1}/F_n < 2.$$

Daher ist $F_{n+1} > 1{,}5 F_n$, bzw.: $3F_n < 2F_{n+1}$, d.h.: $3a < 2b$.

Es ergibt sich also für die drei aufeinanderfolgenden Zahlen eines jeden Fibonacci-abc-Tripels (F_n, F_{n+1}, F_{n+2}) die folgende Ungleichungskette ($n > 3$):

$$1 < a < b < 2a < c < 3a < 2b,$$

bzw:

$$1 < F_n < F_{n+1} < 2F_n < F_{n+2} < 3F_n < 2F_{n+1}. \tag{3}$$

Beispiel:

für n = 20 ist die Ungleichungskette:

$1 < F_{20} = 6765 < F_{21} = 10946 < 2F_{20} = 13530 <$

$< F_{22} = 17711 < 3F_{20} = 20295 < 2F_{21} = 21892.$

für n = 40:

$1 < F_{40} = 102334155 < F_{41} = 165580141 < 2F_{40} = 204668310$

$< F_{42} = 267914296 < 3F_{40} = 307002465$

$< 2F_{41} = 331160282.$

3. Die sogenannte abc-Vermutung

Die sogenannte abc-Vermutung ist die Behauptung, dass es nur endlich viele abc-Tripel gibt, für die das Produkt der Grundzahlen aller vorkommenden Primfaktoren, die in den Zahlen a, b, c enthalten sind, das sogenannte Radikal r(a, b, c), kleiner als c ist.

Das Radikal r einer natürlichen Zahl n unterscheidet sich vom vollständigen Primzahlprodukt dieser Zahl also dadurch, dass von allen vorkommenden Primzahlpotenzen nur die Grundzahlen in r aufgenommen sind.

Ist in der Primzahlzerlegung einer natürlichen Zahl n keine Primzahl in Potenz (mit Exponent > 1) vorhanden, dann ist das Radikal r(n) mit dem vollständigen Primzahlprodukt von n identisch, also r(n) = n, und umgekehrt, also:

r(n) = n ⇔ *die Primzahlzerlegung von n enthält keine Primzahlpotenzen.*

Andernfalls, also bei vorkommenden Primzahlpotenzen, ist r(n) < n.

Anmerkung:

Die Radikale aller Fibonacci-Zahlen, die größer als $F_6 = 2^3$ sind, sind größer als 2:

$$i \in N, \ i > 6 \ \ gilt: \ r(F_i) > 2. \qquad (4)$$

Es ist $r(F_1) = r(F_2) = 1$, $r(F_3) = 2$, $r(F_4) = 3$, $r(F_5) = 5$, $r(F_6) = 2$.

Annahme: Es gibt ein m, m > 6, sodass $r(F_m) = 2$ ist.

Dann ist $r(F_m) = 2$ ⇔ $F_m = 2^k$, $k \in N$.

Somit ist F_m geradzahlig, also der Index m = 3t, t > 2, ein Vielfaches von 3 (vgl. III(5)): $F_m = F_{3t} = 2^k$.

Gemäß III(2) ist $F_{3t} = 2^k$ durch F_t teilbar. Dann muß auch der Teiler F_t eine Potenz von 2 sein, ebenso wie der Wert des Quotienten $\dfrac{F_{3t}}{F_t}$. Wenn aber nun F_t geradzahlig ist, ist der Index t ein Vielfaches von 3, (III(25)).

Andrerseits ist mit III(3a): $\dfrac{F_{3t}}{F_t} = L_{2t} + (-1)^t$

dann $L_{2t} + (-1)^t$ geradzahlig, somit L_{2t} ungerade, das ist aber nur der Fall, wenn t kein Vielfaches von 3 ist, (III(25)).

Daher ist die Annahme falsch und es gibt keine Fibonacci-Zahl größer als F_6, die eine reine Zweierpotenz ist, beziehungsweise deren Radikal r(F_m) = 2 ist, wzbw.

Ist das Radikal r mehrerer teilerfremder Zahlen zu bilden, deren Primzahlzerlegungen also keine gemeinsamen Faktoren haben, sind schlicht die Grundzahlen aller vorkommenden Primzahlen dieser Zahlen zu multiplizieren.

Das Radikal r(a, b, c) eines abc-Tripels ist demnach das Produkt der Radikale von a, b und c:

r(a, b, c) = r(a)*r(b)*r(c).

Die allgemeine abc-Vermutung lässt sich dann folgendermaßen formulieren:

<u>**abc-Vermutung:**</u> *Es gibt nur endlich viele abc-Tripel, für die gilt:*

r(a)*r(b)*r(c) < c. (5)

Beispiel: zu r(F_{24}, F_{25}, F_{26}), (vgl.Tabelle 2, Anhang):

$F_{24} = 2^5 * 3^2 * 7 * 23$; r($F_{24}$) = $2*3*7*23 < F_{24}$.
$F_{25} = 5^2 * 3001$; r(F_{25}) = $5*3001$.
$F_{26} = 233*521$ r(F_{26}) = F_{26}.

r(F_{24}, F_{25}, F_{26}) = $2*3*5*7*23*233*52*3001 > F_{26}$.

4. Die Fibonacci-abc-Vermutung

Wie in Abschnitt 1 gezeigt, bilden je drei aufeinanderfolgende Fibonacci-Zahlen ein abc-Tripel.

Für Fibonacci-Zahlen wird die abc-Vermutung wie folgt formuliert:

Fibonacci-abc-Vermutung:

Es gibt kein Fibonacci-abc-Tripel, für das

$$r(F_n, F_{n+1}, F_{n+2}) < F_{n+2} \quad ist. \tag{6}$$

Dazu äquivalent ist die Formulierung:

Für alle Fibonacci-abc-Tripel $(F_n; F_{n+1}; F_{n+2}), n \in N, n > 2$ *gilt die Beziehung:*

$$r(F_n) * r(F_{n+1}) * r(F_{n+2}) \geq F_{n+2}. \tag{6'}$$

Hilfssatz 1: *Ist in einem Fibonacci-abc-Tripel das Radikal einer der drei Zahlen gleich der Zahl, so erfüllt dieses Tripel die Beziehung (6').*

Damit gleichbedeutend ist:

Jedes Fibonacci-abc-Tripel $(F_n; F_{n+1}; F_{n+2})$, $n \in N$, $n > 2$
erfüllt (6'), für das mindestens eine der folgenden Bedingungen gilt:

1. $r(F_n) = F_n$, also:

$$r(F_n, F_{n+1}, F_{n+2}) = F_n * r(F_{n+1}, F_{n+2}) > F_{n+2}, \quad oder:$$

2. $r(F_{n+1}) = F_{n+1}$, also:

$$r(F_n, F_{n+1}, F_{n+2}) = F_{n+1} * r(F_n, F_{n+2}) > F_{n+2}, \quad oder:$$

3. $r(F_{n+2}) = F_{n+2}$, dann ist:

$$r(F_n, F_{n+1}, F_{n+2}) = F_{n+2} * r(F_n, F_{n+1}) > F_{n+2}. \quad (7)$$

Im letzten Fall, $r(F_{n+2}) = F_{n+2}$, ist die Behauptung für alle n trivial erfüllt, da $r(F_n F_{n+1}) * F_{n+2} > F_{n+2}$, (mit $r(F_n F_{n+1}) > 1$ und $F_{n+2} > 0$).

Die Tripel zu n = 1 und n = 2 sind keine echten Fibonacci-abc-Tripel, da $F_1 = F_2 = 1$ ist (Beziehung (6') ist ohnehin erfüllt).

Für n = 3 sind alle drei Zahlen prim, somit ist die Behauptung klar:

n = 3 : (F_3, F_4, F_5) = (2; 3; 5); r(2; 3; 5) = 2*3*5 > 5 .

Für n = 4 sind zwei Zahlen prim, die dritte Zahl ist eine Zweierpotenz, (6') ist ebenfalls problemlos klar:

n = 4 : (F_4, F_5, F_6) = (3; 5; 8);   r(3; 5; 2^3) = 3*5*2 = 30 > 8.

Es genügt also, den Beweis zu den Fällen (1) und (2) für n > 4 zu führen.

Beweis:

(1): Sei $r(F_n) = F_n$,
sowie: $r(F_{n+1}) < F_{n+1}$ und $r(F_{n+2}) < F_{n+2}$.

Wegen (4) gilt für alle $n \in N$ mit n > 4 die Ungleichung $r(F_{n+2}) \geq 3$ und somit die folgende Abschätzung:

$$r(F_n) * r(F_{n+1}) * r(F_{n+2}) = F_n * r(F_{n+1}) * r(F_{n+2})$$

$$\geq F_n * r(F_{n+1}) * 3.$$

Da gemäß der Ungleichungskette (3) stets $3 * F_n > F_{n+2}$ ist, gilt:

$$F_n * r(F_{n+1}) * 3 > F_{n+2} \quad \text{und somit ist}$$

$$F_n * r(F_{n+1}) * r(F_{n+2}) > F_{n+2}, \quad \text{wzbw.}$$

(2): Sei $r(F_{n+1}) = F_{n+1}$, sowie: $r(F_n) < F_n$ und
$r(F_{n+2}) < F_{n+2}$.
Dann ist:

$$r(F_n) * r(F_{n+1}) * r(F_{n+2}) = r(F_n) * F_{n+1} * r(F_{n+2}).$$

Wie vorher gilt mit (4) für n > 4 die Beziehung $r(F_{n+2}) \geq 3$,

also: $r(F_n) * F_{n+1} * r(F_{n+2}) \geq 3 * r(F_n) * F_{n+1}$.

Wegen $3 * F_{n+1} > 2 * F_{n+1} > F_{n+2}$ (gemäß (3)),

gilt schließlich $3 * r(F_n) * F_{n+1} > F_{n+2} * r(F_n) > F_{n+2}$,

also:

$$r(F_n) * F_{n+1} * r(F_{n+2}) > F_{n+2}, \quad \text{wzbw.}$$

Damit ist gezeigt, dass alle diejenigen Fibonacci-abc-Tripel die Behauptung (6') erfüllen, in denen für mindestens eine der drei Zahlen F_i das Radikal gleich der Zahl ist, also

$r(F_i) = F_i$ für ein i $\in$ {n; n+1; n+2} gilt.

Insbesondere gilt dann:

Satz: *Alle Fibonacci-abc-Tripel, in denen eine Tripelzahl prim ist, erfüllen die Beziehung (6').*

Dies sind zu jeder primen Fibonacci-Zahl P_p genau 3 Tripel, die P_p enthalten und jeweils (6') erfüllen:

$$r(F_{p-2}, F_{p-1}, \mathbf{P_p}) > P_p,$$
$$r(F_{p-1}, \mathbf{P_p}, F_{p+1}) > F_{p+1},$$
$$r(\mathbf{P_p}, F_{p+1}, F_{p+2}) > F_{p+2}.$$

Beispiel: (Die Kurzschreibweise r = F steht für $r(F_i) = F_i$.)

$P_p = F_{23} = 28657$ prim, =>
 (1): $r(F_{21}, F_{22}, \mathbf{F_{23}}) > F_{23}$
 (2): $r(F_{22}, \mathbf{F_{23}}, F_{24}) > F_{24}$
 (3): $r(\mathbf{F_{23}}, F_{24}, F_{25}) > F_{25}$

In Tripel (1) ist (vgl.Tab.2, Anhang) für jede Zahl r = F, also:
$r(F_{21}, F_{22}, F_{23}) = F_{21}*F_{22}*F_{23} > F_{23}$

in Tripel (2) ist für F_{22} und F_{23} r = F, aber $r(F_{24}) < F_{24}$,
$r(F_{22}, F_{23}, F_{24}) = F_{22}*F_{23}*r(F_{24}) > F_{24}$,
$2*3*7*23*17711*28657 > \mathbf{2^5 * 3^2} *7*23$.

in Tripel (3) ist nur für eine Zahl r = F: $r(F_{23}) = F_{23}$, dann:
$r(F_{23}, F_{24}, F_{25}) = F_{23}*r(F_{24})*r(F_{25}) > F_{25}$
$28657 * 2*3*7*23*5*3001 > 5^2 * 3001$.

Aus Tabelle 2 ist weiter zu ersehen, dass in allen möglichen Tripel, die aus den Fibonacci-Zahlen bis F_{60} gebildet werden können, begonnen mit $(F_3; F_4; F_5)$ bis $(F_{59}; F_{60}; F_{61})$, mindestens eine Zahl enthalten ist, für die r = F gilt, so dass mit (7) die Beziehung (6') erfüllt ist.

Andererseits ist es prinzipiell nicht auszuschließen, dass alle drei Tripelzahlen verschiedene Primzahlpotenzen haben und demnach ihre Radikale jeweils kleiner als die entsprechende Zahl sind, das heißt, dass $r(F_a) < F_a$, $r(F_b) < F_b$ und $r(F_c) < F_c$ ist.

In diesen Fällen ist zu untersuchen, ob auch dann noch allgemeine Aussagen über die Radikale solcher Tripel beweisen lassen, also ob (6'): $r(F_a)*r(F_b)*r(F_c) > F_c$ dennoch gilt.

Sind die Radikale der Tripelzahlen jeweils kleiner als die entsprechenden Zahlen, ($r(F_a) < F_a$, $r(F_b) < F_b$, $r(F_c) < F_c$), so lässt sich folgendes Kriterium angeben:

Hilfssatz 2: *Alle Fibonacci-abc-Tripel, für die das Radikal $r(F_a, F_b, F_c)$ größer ist als die Quadratwurzel aus $F_a*F_b*F_c$, erfüllen (6'), d.h.:*

$$r(F_a, F_b, F_c) \geq \sqrt{F_a*F_b*F_c} \quad \Rightarrow \quad r(F_a, F_b, F_c) > F_c. \qquad (8)$$

Es ist nämlich für alle Fibonacci-abc-Tripel $(F_aF_bF_c)$, $F_a > 2$: $F_a*F_b > F_a+F_b = F_c$, also $\sqrt{F_a*F_b*F_c} > \sqrt{F_c*F_c} = F_c$.

Insbesondere gilt:

Alle Fibonacci-abc-Tripel, in denen jede Tripelzahl die Bedingung erfüllt, dass ihr Radikal größer ist als die Quadratwurzel aus der Zahl, erfüllen (6'), d.h.:

$$r(F_a) \geq \sqrt{F_a}, \quad r(F_b) \geq \sqrt{F_b}, \quad r(F_c) \geq \sqrt{F_c}, \quad \Rightarrow$$
$$\Rightarrow r(F_a, F_b, F_c) = r(F_a)*r(F_b)*r(F_c) \geq \sqrt{F_a*F_b*F_c} > F_c. \qquad (8')$$

Beispiel: (vgl.Tabelle 2, Anhang)

F_{48} = $2^6 * 3^2 * 7 * 23 * 47 * 1103$ = 4807526976
$r(F_{48})$ = $2 * 3 * 7 * 23 * 47 * 1103$ = 50078406
$\quad\quad r(F_{48})$ > $\sqrt{F_{48}}$ = 69336,33...

F_{49} = $13 * 97 * 6168709$ = 7778742049
$r(F_{49})$ = F_{49} > $\sqrt{F_{49}}$ = 88197,17...

F_{50} = $5^2 * 11 * 101 * 151 * 3001$ = 12586269025
$r(F_{50})$ = $5 * 11 * 101 * 151 * 3001$ = 2517253804
$\quad\quad r(F_{50})$ > $\sqrt{F_{50}}$ = 112188,54...

Es ist also: $r(F_{48}) > \sqrt{F_{48}}$, $r(F_{49}) > \sqrt{F_{49}}$, $r(F_{50}) > \sqrt{F_{48}}$, somit ist Bedingung (8') erfüllt:

$r(F_{48}, F_{49}, F_{50}) > \sqrt{F_{48}} * \sqrt{F_{49}} * \sqrt{F_{50}} \approx 7 * 10^{14} > F_{50}$.

(Im Tripel (F_{48}, F_{49}, F_{50}) ist $r(F_{49}) = F_{49}$, also gilt auch gemäß (7')
$r(F_{48}, F_{49}, F_{50}) > F_{50}$).

Die Gültigkeit von (8') ist nur gesichert für Fibonacci-Zahlen, deren Primzahlzerlegungen neben den vorkommenden Primzahlpotenzen einen hohen potenzfreien Anteil P enthalten.
Dies lässt sich folgendermaßen abschätzen:

Sei $p^j > 1$ das Produkt aller vorkommenden Primzahlpotenzen mit dem höchsten vorkommenden Exponenten j, dann ist $F \leq p^j * P$, $r(F) = p * P$, und es gilt:

Satz: *Wenn das Produkt P > 1 der potenzfreien Primzahlenfaktoren größer ist als das Produkt $p^j > 1$ aller vorkommenden Primzahlpotenzen mit dem höchsten Exponenten j, dann ist das Radikal der Fibonacci-Zahl F größer als $\sqrt{F}$, also:*

$$P > p^j \quad \Rightarrow \quad r(F) = p * P > \sqrt{F}. \quad\quad (9)$$

Denn:
$$P > p^j \Rightarrow P^2 > p^j *P \Rightarrow P > \sqrt{p^j * P} \Rightarrow$$
$$\Rightarrow r = p*P > P > \sqrt{p^j * P} \geq \sqrt{F}.$$

Beispiel:

$F_{48} = 2^6 *3^2 *7*23*47*1103 = 2^6 *3^2 *P,$ $p = 2*3$
Der Exponent der höchsten Potenz ist $j = 6$,

$P = 7*23*47*1103 = 8346401 > p^6 = 2^6*3^6 = 46656 > 2^6*3^2$

$r = p*P = 2*3*P = 50078406,$
$\sqrt{P} \approx 2889,$ $\sqrt{p^j * P} = 2^3 * 3^3 * \sqrt{P} \approx 624027,$
also:
$r = 50078406 > \sqrt{p^j * P} \approx 624027 > \sqrt{F} \approx 69336.$

Wenn p = 1 ist, dann ist die Primzahlzerlegung potenzfrei und somit gilt ohnehin $r(F) = F = P > \sqrt{P}$.

Wenn P = 1 ist, also die Primzahlzerlegung von F ausschließlich Primzahlpotenzen aufweist, wenn also F $\leq$ p^j ist, ist die Abschätzung (9) nur für $j = 2$ möglich.
Vermutlich gibt es keine Fibonacci-Zahl F_i mit i > 6, die also größer als $F_6 = 2^3$ ist (vgl.(4)), für die P = 1 zutrifft.

Anmerkung:

Für jede Fibonacci-Zahl F, deren Radikal mit der Zahl übereinstimmt, gilt $r(F) = F > \sqrt{F}$.

Weiter ist klar:
Fibonacci-Zahlen F, in denen keine höheren Primzahlpotenzen als Quadrate vorkommen, also das Produkt der Primzahlpotenzen p^2 ist, erfüllen $r(F) > \sqrt{F}$.

Denn für $F = p^2P$ ist $r(F) = pP > p\sqrt{P} = \sqrt{F}$.

Satz: *Alle Fibonacci-abc-Tripel, in denen Primzahlpotenzen nur als Quadrate vorkommen, erfüllen (8), bzw. (8').*

Wenn gezeigt werden kann, dass der potenzfreie Anteil P in der Primfaktorzerlegung für alle Fibonacci-Zahlen größer ist als das Produkt der Primzahlpotenzen, also (9) gilt, dann kann die Fibonacci-abc-Vermutung als richtig angesehen werden.

Dies soll als Fibonacci-Vermutung formuliert werden:

Fibonacci-Vermutung: *Für alle Fibonacci-Zahlen ist der potenzfreie Anteil P der Primfaktorzerlegung größer als das Produkt der Primzahlpotenzen p^j.*

Zu untersuchen ist demnach das Vorkommen sowie die Verteilung von Primzahlpotenzen in Fibonacci-Zahlen, bzw. in den Fibonacci-abc-Tripeln.

5. Primzahlpotenzen in Fibonacci-Zahlen

Zu jeder Primzahlpotenz in der Primfaktorzerlegung einer Fibonacci-Zahl gibt es eine kleinste Fibonacci-Zahl F_x, die diese Potenz zum ersten Mal enthält (vgl.III(14")).
Alle Fibonacci-Zahlen, deren Index $i = k*x$, $(k \in N)$, ist, enthalten demnach dieselbe oder eine höhere Potenz der entsprechenden Primzahl.

Ist der Index x der kleinsten Fibonacci-Zahl, die in der Primzahlzerlegung eine bestimmte Primzahlpotenz enthält, *geradzahlig*, so kommt eine Potenz derselben Primzahl nur in Fibonacci-Zahlen F_i mit dem *geradzahligen* Index vor.

Somit können u.a. folgende Potenzen nur in Fibonacci-Zahlen mit *geradzahligem* Index k*x, $(k \in N)$, vorkommen (vgl.III,6.a):

Potenzen von 2: $i = 6k$, da: $F_x = F_6 = 2^3$,
Potenzen von 3: $i = 12k$, da: $F_x = F_{12} = 2^4 * 3^2$,
Potenzen von 7: $i = 56k$, da: $F_x = F_{56} = 3*7^2 *13*29*281*14503$,
Potenzen von 11: $i = 110k$, da: $F_x = F_{110}$,
$$F_{110} = 5*89*11^2 *199*331*661*39161*474541.$$

dagegen können Fibonacci-Zahlen mit *geradem oder ungeradem* Index u.a. folgende Potenzen enthalten:

Potenzen von 5: $i = 25k$, da: $F_x = F_{25} = 5^2 *3001$,
Potenzen von 13: $i = 91k$, da: $F_x = F_{91}$,
$$F_{91} = 13^2 * 233 * 741469 * 159607993,$$
Potenzen von 17: $i = 153k$, da: $F_x = F_{153}$,
$$F_{153} = 2*17^2 * 1597*6376021*7175323114950564593.$$

Anmerkung 1:

Offenbar ist der kennzeichnende Index x in allen obigen Fällen das Produkt aus dem Index der kleinsten Fibonacci-Zahl *F*, die die einfache Primzahl enthält, multipliziert mit dieser Primzahl:

So ist beispielsweise
- bei $i = 110k$ (*Potenzen von 11*) der kennzeichnede Index x = 110 = 11**10*, wobei $F_{10} = 5*11$ die kleinste Fibonacci-Zahl ist, die die Primzahl 11 enthält,
- bei $i = 153k$ (*Potenzen von 17*) ist x = 153, 153 = 17**9*, wobei $F_9 = 2*17$ die kleinste Fibonacci-Zahl ist, die die Primzahl 17 enthält.

Demnach sollten:
- *Potenzen von 19* in den Fibonacci-Zahlen nur in Fibonacci-Zahlen mit den Indizes $i = 342k$ auftreten, da x = 342 = 19**18*, wobei F_{18} die kleinste Fibonacci-Zahl ist, die die Primzahl 19 enthält,

- *Potenzen von 23* für i = 552k, da x = 552 = 23*24 ist, wobei $F_{24} = 2^5 * 3^2 * 7 * 23$ die kleinste Fibonacci-Zahl ist, die die Primzahl 23 enthält.
- *Potenzen von 29* sollten dann dementsprechend alle F_{406k} in der Primfaktorzerlegung haben, etc.

Für Potenzen höherer Primzahlen z $\geq$ 19, werden die Fibonacci-Zahlen, die eine Potenz von z enthalten, sehr groß, sodass das Verifizieren der Primzahlzerlegungen schwierig wird.

Die so bestimmten Indizes stehen im Einklang mit der Tatsache, dass die Primzahlen 19, 23, wie auch 29 nur in Fibonacci-Zahlen mit geradzahligem Index auftreten können, da *Potenzen* von *2, 3, 7, 11, 19, 23, 29, ...* und weiterer Primzahlen nie in einer Fibonacci-Zahl mit ungeradem Index vorkommen (vgl.III,6.a).

Anmerkung 2:

Aus dem Bisherigen ergeben sich die prinzipiellen Möglichkeiten für das Auftreten mehrerer Primzahlpotenzen in *einer* Fibonacci-Zahl:
Man bestimmt die Indizes i der Fibonacci-Zahlen, die verschiedene Primzahlpotenzen enthalten, durch Berechnung des kleinsten gemeinsamen Vielfachen der für die Potenzen kennzeichnenden Indizes.

Beispiele:

- Potenzen von 3 treten nur gemeinsam mit Zweierpotenzen, also in allen geraden Fibonacci-Zahlen mit dem geradzahligen Index i = 12k, $k \in N$, auf.

- Die kleinste Fibonacci-Zahl F_i, die Primzahlpotenzen von 2, 3, und 5 enthält, hat den Index i = 12*25 = 300.
Somit enthalten alle Fibonacci-Zahlen F_{300k}, $k \in N$, in ihrer Primzahlzerlegung mindestens Potenzen von 2, 3, und 5.
F_{300} ist bereits eine Zahl der Größenordnung ~ 10^{60}.

Da $F_{300} = F_{150}L_{150} = F_{75}L_{75}L_{150}$, hat F_{300} die Potenzen: 2^4, 3^2, 5^2, (5^2 aus $F_{75} = 2*5^2*61*3001*230686501$, L_{75} enthält 2^2, L_{150} enthält 2 und 3^2, kein L enthält den Faktor 5 (vgl.III,7.)).
Weitere Potenzen von Primzahlen $z < 30$ kann F_{300} nicht enthalten, da die kennzeichnenden Indizes x $\leq$ 0,5i, nämlich $x_7 = 56$, $x_{11} = 110$, $x_{13} = 91$, ($x_{17} = 153 > 0{,}5i$), keine Teiler von $i = 300$ sind.

Wenn überdies F_{300} selbst keine neue Primzahlpotenz zum ersten Mal enthält, das heißt $x = 300$ nicht kennzeichnender Index einer neuen Primzahlpotenz ist, dann gilt: $r(F_{300}) = 2*3*5*P > \sqrt{F_{300}}$.

- Die kleinste Fibonacci-Zahl F_i, die Primzahlpotenzen von 2, 3, 5 und 7 enthält, findet man erst zum Index $i = 4200$, und somit gilt dies für alle $F_i = F_{4200k}$, $k \in N$.

- Analog erhält man Fibonacci-Zahlen, die Potenzen von 2, 3, 5, 7, 11, 13, und 17 enthalten, erst ab $i = 30630600$, also für alle $F_{30630600k}$, $k \in N$.
Da es sich hierbei um eine sehr große Fibonacci-Zahl handelt (von der Größenordnung $\sim 10^{2000000}$), sollte, wenn keine hohen Potenzen sehr großer Primzahlen dazukommen, das Produkt der potenzfreien Primfaktoren $P > p^j$ sein, das heißt, die Abschätzung
(9) $r(F) > \sqrt{F}$ gelten.

- Potenzen von 5 und 13 können nur in den Fibonacci-Zahlen mit den Indizes $i = 25*91k = 2275k$ auftreten.

Anmerkung 3:

Ist der Index i einer beliebigen Fibonacci-Zahl gegeben, so lässt sich das Vorkommen von Primzahlpotenzen der kleinen Primzahlen $z < 30$ leicht feststellen, ohne dass die Fibonacci-Zahl selbst bekannt sein muß, indem man untersucht, ob für die Primzahlpotenz kennzeichnende Index x ein echter Teiler von i ist (vgl. im vorigen Beispiel F_{300}).
Es genügt also die Kenntnis des Index i einer speziellen Fibonacci-

Zahl, um festzustellen, welcher Art die Zahl ist und welche Primzahlpotenzen auszuschließen sind.

Für allgemeinere Überlegungen zum Ausschluss bestimmter Primzahlpotenzen ist die Struktur der Indizes von Bedeutung.

Lässt sich der Index einer speziellen Fibonacci-Zahl einer allgemeinen Form zuordnen, z.B. i = 12n + 6, $n \in N$, so kann entschieden werden, ob eine spezielle Primzahlpotenz ausgeschlossen ist.

Dies ist immer dann der Fall, wenn der für die Primzahlpotenz kennzeichnende Index x kein Teiler von i ist, also i $\neq$ kx für alle $k \in N$ gilt, das heißt, z.B. die Gleichung 12n + 6 = kx keine Lösung (n; k) hat mit $n, k \in N$.

Anmerkung 4: Lösbarkeit linearer diophantischer Gleichungen:

Eine Gleichung der Form: s*n $\pm$ t = x*k , $s, t, x \in N$, heißt lineare diophantische Gleichung, wenn für n und k nur natürliche Zahlen als Lösung zugelassen sind.

Eine solche Gleichung ist nur dann lösbar, wenn der ggT(s; x) Teiler von t ist.

Ist die Existenz einer Lösung gesichert, gibt es stets unendlich viele Paare (n; k), die die diophantische Gleichung erfüllen.

Beispiel:

Alle Fibonacci-Zahlen mit Index i = 12n + 6 enthalten keine Potenz von 7.

Denn der kennzeichnende Index einer Potenz von 7 ist x_7 = 56. Damit hat die diophantische Gleichung 12n + 6 = 56k keine Lösung (n; k), da der ggT(12; 56) = 4 kein Teiler von 6 ist.

6. Die Radikale gerader und ungerader Fibonacci-Zahlen

a.) *Gerade* Fibonacci-Zahlen mit *geradzahligem* Index (G$_g$)

Wenn F_i gerade sein soll, so muß der Index i ein Vielfaches von 3 sein, also i = 3n (vgl. III(5)). Setzt man weiter voraus, dass der Index i geradzahlig sein soll, so ergibt sich für i die Bedingung i = 3*2n.

$\mathbf{G_g}$: $i = 6n$, $n \in N$. (10a)

Somit lassen sich alle Fibonacci-Zahlen mit geradzahligem Index gemäß $F_{6n} = F_{3n}*L_{3n}$ (vgl. III(1)) zerlegen.

Jedes F_{6n} hat den Fibonacci-Teiler $F_6 = 2^3$ (vgl. III(10)).
Damit enthalten alle Primfaktorzerlegungen der geraden Fibonacci-Zahlen mit geradzahligem Index den Primfaktors 2 mindestens in der dritten Potenz.

(1) *n ungerade* (n = 2k + 1, $k \in N_0$), also i = 6(2k + 1):

$\mathbf{G_{g1}}$: $i = 12k + 6$, $k \in N_0$. (10a$_1$)

Die Zahlen $F_{6(2k+1)} = F_{3(2k+1)}*L_{3(2k+1)}$ lassen sich nur einmal gemäß III(1') zerlegen, da $F_{3(2k+1)}$ eine gerade Fibonacci-Zahl mit *ungeradzahligem* Index ist.

Somit enthält $F_{3(2k+1)}$ den Primfaktor 2 nur einfach (vgl.5., III,6.a)), der zweite Faktor $L_{3(2k+1)}$ hat stets genau die Potenz 2^2 (vgl.III (25b)), ist aber nicht durch 3, 5, 7 teilbar und nicht durch weitere prime Lucas-Zahlen mit geradem Index (vgl.III(26)). Daher gilt:

Alle F_{12k+6}, $k \in N$, enthalten immer den Primfaktor 2 genau in dritter Potenz, aber keine Potenzen von 3, 7, 23.

(So sind auch die Gleichungen 12k + 6 = 12m, 12k + 6 = 56m, 12k + 6 = 552m nicht lösbar (vgl.5.Anmerkung 4), da jeweils der ggT(12; x), $x_3 = 12$, $x_7 = 56$, $x_{23} = 552$ nicht Teiler von 6 ist).

Beispiele: (vgl. Tabelle 2 und 3, Anhang),

$F_{6*3} = F_9 * L_9 = 34*76 = 2^3 *17*19 \quad F_{18} > r(F_{18}) > \sqrt{F_{18}}$
$F_{18} = 2584 > r(F_{18}) = 646 > \sqrt{F_{18}} \approx 50{,}8.$

$F_{6*5} = F_{15}*L_{15} = 2^3 *5*11*31*61$
$F_{30} = 832040 > r(F_{30}) = \dfrac{F_{30}}{2^2} = 208010 > \sqrt{F_{30}} \approx 912{,}1.$

...

$F_{6*11} = F_{33}*L_{33} = 2^3 *89*199*9901*19801$
$F_{66} > r(F_{66}) = \dfrac{F_{66}}{2^2} > \sqrt{F_{66}} \approx 5270473{,}4.$

...

$F_{6*19} = F_{57}*L_{57} = 2986\ 11126\ 81897\ 70669\ 18552$
$= 2^3 *37*113*229*797*9349*54833*95419.$

$F_{114} > r(F_{114}) = \dfrac{F_{114}}{2^2} > \sqrt{F_{114}} \approx 546453224700.$

(2) *n geradzahlig*, n = 2k, also i = 12k:

$\mathbf{G_{g2}}:$ *i = 12k*, $k \in N$.   (10a$_2$)

Die Zerlegung von $F_{12k} = F_{6k}*L_{6k} = F_{3k}*L_{3k}*L_{6k}$ lässt sich wiederholen, solange 3k geradzahlig ist.

Durch Verdopplung des Index i = 12k + 6 (10a$_1$) erhält man wieder einen durch 12 teilbaren Index der Form (10a$_2$)

Mit jeder Indexverdopplung wächst die Zerlegung um einen weiteren Lucas-Faktor mit geradem Index, der ein Vielfaches von 2 ist, da sein Index ein gerades Vielfaches von 3 ist (vgl.III(25a)), der aber gleichzeitig mindestens einen Primfaktor P > 2 mitbringt.

Also wird der Exponent von 2 in der Primfaktorzerlegung von F_{12k} mit jeder Indexverdopplung um 1 erhöht.

Beispiele (vgl. Tabelle 2 und 3, Anhang):

- Fortgesetzte Verdopplung des Index $i = 6$ zu $i = 6*2^k$, $(k \in N)$:

$F_{12} = \mathbf{2^4 * 3^2}$ $\qquad = F_3 * L_3 * L_6$

$F_{24} = \mathbf{2^5 * 3^2 * 7 * 23}$ $\qquad = F_3 * L_3 * L_6 * L_{12}$ $\qquad r > \sqrt{F}$,

da: $r(F_{24}) = 6*7*23 > \sqrt{F_{24}} \approx 215$,

$F_{48} = \mathbf{2^6 * 3^2 * 7 * 23 * 47 * 1103}$ $\qquad = F_3 * L_3 * L_6 * L_{12} * L_{24}$, $\qquad r > \sqrt{F}$,

da: $r(F_{48}) = 6*7*23*47*1103 > \sqrt{F_{48}} \approx 69336{,}33$

$F_{96} = \mathbf{2^7 * 3^2 * 7 * 23 * 47 * 769 * 1103 * 2207 * 3167}$
$\qquad\qquad\qquad = F_3 * L_3 * L_6 * L_{12} * L_{24} * L_{48}$, $\quad r > \sqrt{F}$,

da: $P > p^j$.

...

- Fortgesetzte Verdopplung des Index $i = 6*3$ zu $i = 18*2^k$, $(k \in N_0)$:

$F_{18} = \mathbf{2^3 * 17 * 19}$ $\qquad\qquad = F_9 * L_9$

$F_{36} = \mathbf{2^4 * 3^3 * 17 * 19 * 107}$ $\qquad = F_9 * L_9 * L_{18}$

$F_{72} = \mathbf{2^5 * 3^3 * 7 * 17 * 19 * 23 * 107 * 103681} = F_9 * L_9 * L_{18} * L_{36}$,

...

- Fortgesetzte Verdopplung des Index $i = 6*5$ zu: $i = 30*2^k$, $(k \in N_0)$:

$F_{30} = \mathbf{2^3 * 5 * 11 * 31 * 61}$ $\qquad\qquad = F_{15} * L_{15}$

$F_{60} = \mathbf{2^4 * 3^2 * 5 * 11 * 31 * 41 * 61 * 2521}$ $\qquad = F_{15} * L_{15} * L_{30}$

$F_{120} = \mathbf{2^5 * 3^2 * 5 * 7 * 11 * 23 * 31 * 41 * 61 * 241 * 2161 * 2521 * 20641}$
$\qquad\qquad\qquad = F_{15} * L_{15} * L_{30} * L_{60}$.

$r(F_{120}) = \mathbf{2*3*5*7*11*23*31*41*61*241*2161*2521*20641} >$
$> 2^{2,5} * 3 * \sqrt{5*7*11*23*31*41*61*241*2161*2521*20641}$

... .

An den Beispielen ist erkennbar, dass neben der ansteigenden Zweierpotenz auch die Anzahl der potenzfreien Primfaktoren wächst und zwar mit jedem Lucas-Faktor um mindestens eine Primzahl größer als 2.

Wenn also nicht hohe Potenzen großer Primzahlen in einem Lucas-Faktor hinzukommen, kann die Gültigkeit von $r > \sqrt{F}$ für $k > 1$ bei Indexverdopplung für alle F_{12k} angenommen werden.

b.) *Gerade* Fibonacci-Zahlen mit *ungeradzahligem* Index (G_u)

Eine gerade Fibonaccizahl hat einen ungeraden Index i, wenn i ein ungeradzahliges Vielfaches von 3 ist, also für i > 1 gilt:

$$G_u: \quad i = 3(2n+1) = 6n + 3, \quad n \in N_0. \qquad (10b)$$

Dies ist auch direkt an der Abfolge der geradzahligen Fibonacci-Zahlen erkennbar: ... G_g U_u U_g ***G_u*** ..., (vgl.(1)), mit der Indexabfolge: ... 6n, 6n + 1, 6n + 2, ***6n + 3***, ...

Es gilt:

Die Primfaktorzerlegung jeder geraden Fibonacci-Zahl mit ungeradem Index enthält den Primfaktor 2 nur einmal.

Dies lässt sich mithilfe der Anmerkung zu III,7.a) bestätigen, da dort gezeigt ist, dass L_{6n+3} durch 4 teilbar ist. Nach dem Satz von Lucas (III(25)) ist aber der ggT(F_{6n+3}; L_{6n+3}) = 2, also folgt für F_{6n+3}:

$$F_{6n+3} = 2U, \quad U \text{ ungerade.}$$

Beispiele:

Die ersten geraden Fibonacci-Zahlen mit ungeradem Index i < 60 lassen sich wie folgt zerlegen (vgl.Tabelle 2, Anhang):

F_9 = 34	= F_3*17	= **2*17**
F_{15} = 610	= 2*F_5*61	= **2*5*61**
F_{21} = 10946	= 2*F_7*421	= **2*13*421**
F_{27} = 196418	= F_9*53*109	= **2*17*53*109**
F_{33} = 3524578	= 2*F_{11}*19801	= **2*89*19801**
F_{39} = 63245986	= 2*F_{13}*135721	= **2*233*135721**
F_{45} = 1134903170	= F_{15}*17*109441	= **2*5*17*61*109441**
F_{51} = 20365011074	= 2*F_{17}*6376021	= **2*1597*6376021**
F_{57} = 365435296162	= 2*F_{19}*797*54833	=
		= **2*37*113*797*54833.**

Mit Ausnahme von F_{75}, das eine 5^2 enthält kommen in den Primfaktorzerlegungen der geraden Fibonacci-Zahlen mit ungeradem Index $i = 6n + 3 < 100$ überhaupt keine Potenzen von Primfaktoren vor.

Allgemein gilt zunächst:
Keine Fibonacci-Zahl mit ungeradem Index enthält in der Primfaktorzerlegung Potenzen der Primzahlen 2, 3, 7, 11, 19, 23, 29, 41, 47, 89, 199, 233, 521 ... und weiterer, deren kennzeichneder Index geradzahlig ist (vgl.III,6.a).

Deshalb kann man sich bei den Fibonacci-Zahlen mit ungeradem Index auf die Primzahlen 5, 13, 17 beschränken, wenn das Vorkommen von Primzahlpotenzen für Primzahlen $z < 30$ untersucht wird.

Potenzen von 5 treten in den geradzahligen Fibonacci-Zahlen mit ungeradem Index $i = 25*3(2m + 1)$, $m \in N_0$, (G_u), auf, also bei: F_{75}, F_{225}, F_{375}, ...
Potenzen von 13 kommen nur in den geradzahligen Fibonacci-Zahlen mit ungeradem Index $i = 91*3(2m + 1)$, $m \in N_0$, vor, also bei F_{273}, F_{819}, ...
Die kleinste Fibonacci-Zahl, deren Primfaktorzerlegung eine Potenz von 17 beinhaltet, ist F_{153} mit einem durch 3 teilbaren Index und daher selbst eine gerade Zahl mit ungeradzahligem Index. Damit finden sich
Potenzen von 17 bei den geraden Fibonacci-Zahlen mit ungeradem Index $i = 153*(2m + 1)$, $m \in N_0$, also bei F_{153}, F_{459}, F_{459}, F_{765}, ...

Potenzen der Primzahlen 5, 13, 17 können auch in der Primfaktorzerlegung gerader Fibonacci-Zahlen mit ungeradzahligem Index gemeinsam auftreten, allerdings erst bei sehr großen Indizes:

Potenzen von 5 und 13 kommen überhaupt nur in Fibonacci-Zahlen mit einem Index $i = 25*91*k = 2275k$ vor (vgl.a.Anm.2), *Potenzen von 5 und 17* bei den Indizes $i = 3825k$, *Potenzen von 5, 13 und 17* erst bei Indizes $i = 348075k$.

c.) *Ungerade* Fibonacci-Zahlen mit *geradzahligem* Index (U_g)

Für die Indizes der ungeradzahligen Fibonacci-Zahlen mit geradem Index U_g ergibt sich aus der Abfolge (1):
$$...G_u\,U_g\,U_u\,G_g\,U_u\,U_g\,G_u\,U_g\,U_u...$$
mit i = 6n (vgl.a.) für die Indizes bei G_g:

$$U_g: \quad i = 6n + 2 \text{ oder } i = 6n + 4. \qquad (10c)$$

$F_{6n+2} = F_{3n+1}*L_{3n+1}$, lässt sich dann weiter zerlegen, wenn 3n + 1 gerade ist, ebenso $F_{6n+4} = F_{3n+2}*L_{3n+2}$, wenn 3n + 2 gerade ist.

Beispiele:

Die ungeraden Fibonacci-Zahlen mit geradem Index F_{6n+2}, F_{6n+4} für n = 1,2,3 wie folgt angeben:

$F_8 = 21$	$= F_4\,L_4 =$	$F_2\,L_2\,L_4$	$= 3*7$
$F_{10} = 55$	$= F_5\,L_5$		$= 5*11$
$F_{14} = 377$	$= F_7\,L_7$		$= 13*29$
$F_{16} = 987$	$= F_8\,L_8 =$	$F_2\,L_2\,L_4\,L_8$	$= 3*7*47$
$F_{20} = 6765$	$= F_{10}\,L_{10} =$	$F_5\,L_5\,L_{10}$	$= 5*11*3*41$
$F_{22} = 17711$	$= F_{11}\,L_{11}$		$= 89*199$.

… .

Ungerade Fibonacci-Zahlen mit geradem Index haben *keine* Potenzen von 2 oder 3,
Potenzen von 5 kommen in ungeraden Fibonacci-Zahlen mit geradem Index i = 6n ± 2 vor, wenn (n; k) Lösung einer der diophantischen Gleichungen 6n ± 2 = 25k ist.
Da ggT(6; 25) = 1 ist, gibt es unendlich viele Lösungen, z.B.:
Mögliche Lösungen (n; k) sind (8; 2), (17; 4), (33; 8), (42; 10) u.a., also F_{50}; F_{100}; F_{200}; F_{250}; F_{350}; F_{400}; … .
Potenzen von 7 finden sich in F_{56}, F_{112}, F_{224}, etc., deren Indizes sich aus Lösungen von 6n ± 2 = 56k bestimmen lassen.
Potenzen von 11 kommen vor in den ungeraden Fibonacci-Zahlen

F_{110}, F_{220}, F_{440}, ..., deren Indizes sich zu Lösungen einer der Gleichungen 6n ± 2 = 110k bestimmen lassen.

Potenzen von 13 finden sich in den ungeraden Fibonacci-Zahlen mit den geradzahligen Indizes i = 182; i = 364; i = 728, etc., deren Indizes zu Lösungen einer der Gleichungen 6n ± 2 = 91k zu finden sind. Beispielsweise ist $F_{182} = F_{91} L_{91}$:
$F_{182} = \mathbf{13^2}$ *29*233*521*741469*159607993*689667151970161.

Potenzen von 17, 19, 23 können in ungeraden Fibonacci-Zahlen mit geradem Index nie auftreten, da 6n ± 2 = 153k, bzw. 6n ± 2 = 342k, bzw. 6n ± 2 = 552k, nicht lösbar sind (ggT(6; 153) = 3, ggT(6; 342) = 6, ggT(6; 552) = 6 sind jeweils keine Teiler von 2).

Für Indizes i < 1000 treten in den ungeraden Fibonacci-Zahlen mit geradem Index, U_g, überhaupt keine Potenzen anderer Primzahlen auf.

In allen Beispielen sind die in den Primfaktorzerlegungen vorkommenden Potenzen jeweils Quadrate, so dass dort jeweils $r > \sqrt{F}$ gilt, (vgl. (8)).

Beispiel:

Die Fibonacci-Zahl F_{500} hat geradzahligen Index, der nicht durch 3 teilbar ist und ist daher eine ungerade Zahl U_g. F_{500} ist also nicht durch 2, somit auch nicht durch 3 teilbar (vgl.6.c).
F_{500} hat weiter:
- keine Potenzen von 7, 11, 13, 17, 19, 23,
da die kennzeichnenden Indizes $x_7 = 56$, $x_{11} = 110$, $x_{13} = 91$ keine Teiler von 500 sind und Potenzen von 17, 19, 23 für alle ungeraden Fibonacci-Zahlen mit geradzahligem Index (U_g) ausgeschlossen sind.
- keine Potenzen höherer Primzahlen, (vorausgesetzt, es gibt in der Primfaktorzerlegung von F_{500} keine neuen Potenzen), da die kennzeichnenden Indizes x ≤ 0,5i sein müssen ($x_{19} = 342 > 0,5i$ und $x_{23} = 552 > 0,5i$).

Somit hat F_{500} also nur eine Potenz von 5 in der Primzahlzerlegung, nämlich 5^2 aus F_{125}, (in $F_{500} = F_{125} L_{125} L_{250}$ sind die Lucas-Faktoren nicht durch 5 teilbar), d.h.: $r(F_{500}) = 5*P > 5* \sqrt{P} = \sqrt{F_{500}}$.

d. Der Index i der ungeraden Fibonacci-Zahl U ist ungerade u: (U_u)

Entsprechend der Abfolge der ungeradzahligen Fibonacci-Zahlen mit ungeradem Index U_u in (1):
$$...G_u U_g U_u G_g U_u U_g G_u U_g U_u G_g...,$$
ergibt sich, bezogen auf ein G_g mit i = 6n, für deren Indizes:

U_u: $\quad i = 6n + 1$, sowie $i = 6n + 5$. $\hfill (10d)$

Damit gehören zu diesen Zahlen:

(1) alle primen Fibonacci-Zahlen, wobei: F_p prim $\Rightarrow$ $r(F_p) = F_p$;

(2) alle nichtprimen Fibonacci-Zahlen mit primem Index p, (vgl.III, 6.b), deren Primfaktoren keine Fibonacci-Zahlen sind.
Bisher sind keine Fibonacci-Zahlen mit primem Index gefunden worden, die einen Primfaktor in Potenz enthält.

(3) alle ungeraden Fibonacci-Zahlen mit nichtprimem Index i, der ein Produkt i = pq aus mindestens zwei Primzahlen p, q > 2, somit ungerade ist.
Diese Zahlen F_{pq} haben für p $\neq$ q stets die zwei Fibonacci-Teiler F_p und F_q, die, wenn sie selbst prim sind, beide in der Primfaktorzerlegung von F_{pq} vorkommen.
Ungerade Fibonacci-Zahlen mit nichtprimem Index F_{pq} können Potenzen von 5 und/oder von 13 beinhalten.

Beispiel:

Die ungeraden Fibonacci-Zahlen mit nichtprimem Index i = pq enthalten bis zu Indizes i < 100 nur einmal eine Potenz von 5 (F_{25}) und einmal eine Potenz von 13 (F_{91}), (vgl.Tabelle 2, Anhang):

$F_{25} = 75025 = \mathbf{5^2} *3001$
$F_{35} = 9227465 = 5*13*141961$
$F_{49} = 7778742049 = 13*97*6168709$
$F_{55} = 139583862445 = 5*89*661*474541$
$F_{65} = 17167680177565 = 5*233*14736206161$
$F_{77} = 5\,52793\,97008\,84757 = 13*89*988681*4832521$
$F_{85} = 259\,69549\,69111\,22585 = 5*1597*9521*3415914041$
$F_{91} = 4660\,04661\,03755\,30309 = \mathbf{13^2} *233*741469*159607993$
$F_{95} = 2971215073*6643838879$.

In den Primfaktorzerlegungen der ungeraden Fibonacci-Zahlen mit ungeradzahligem Index sind von vornoherein alle Potenzen von Primzahlen ausgeschlossen, deren kennzeichnender Index x geradzahlig ist, also 2, 3, 7, 11, 19, 23, 29, 41, 47, 89, 199, 233, 521 … u.a. (vgl.b.und III,6.a).

Potenzen von 5 treten in den ungeraden Fibonacci-Zahlen mit ungeradem Index $i = 25*(6k \pm 1)$ auf, $k \in N_0$: F_{25*1}, F_{25*5}, F_{25*7}, F_{25*11}, F_{25*13}, … ,

Potenzen von 13 in den Zahlen mit den Indizes $i = 91*(6k \pm 1)$, $k \in N_0$, also in: F_{91*1}, F_{91*5}, F_{91*7}, $F_{91*11} = F_{1002}$ … , usf.

Potenzen von 17 können in keiner ungeraden Fibonacci-Zahl mit ungeradem Index auftreten, da $6n \pm 1 = 153$ nicht lösbar ist.

Wenn die kennzeichnenden Indizes x größerer Primzahlen (z > 30) x_z > 500 sind, können in den ungeraden Fibonacci-Zahlen mit ungeradzahligem Index i < 1000 keine weiteren Potenzen von Primzahlen z < 30 vorkommen ($x_z \leq 0{,}5i$; vgl. 5., Anmerkung 3), es sei denn, es handelt sich um eine Potenz einer großen Primzahl, die in der untersuchten Zahl zum erstenmal erscheint.

Die kleinste ungerade Fibonacci-Zahl mit ungeradem Index, die Potenzen von 5 und 13 enthält, hat den Index i = 2275.

Auch wenn es sich hierbei um Potenzen mit Exponenten größer als 2 handeln sollte, ist wegen der Größe der Zahl F_{2275} (die Zahl hat ca. 450 Stellen) zu erwarten, dass der Anteil der potenzfreien Primfaktoren das Produkt der Primfaktorpotenzen übersteigt und demnach (8) gilt.

7. Folgerungen für die Fibonacci-abc-Tripel

Für die Fibonacci-abc-Tripel gilt:

- Alle Fibonacci-abc-Tripel, in denen das Produkt aller vorkommenden Primzahlpotenzen kleiner ist als das Produkt der potenzfreien Primfaktoren, erfüllen (8) und damit (6).
Ist mindestens eine Tripelzahl potenzfrei, so gilt (6), alle Tripel mit einer primen Fibonacci-Zahl erfüllen (6).

- Alle Fibonacci-abc-Tripel bestehen aus einer geraden (G) und zwei ungeraden (U) Fibonacci-Zahlen.
In jedem Tripel befindet sich mindestens eine Zahl mit *ungeradem Index* u (vgl.(2)), für die alle Primzahlpotenzen ausgeschlossen sind, die nur in Fibonacci-Zahlen mit geradzahligem Index vorkommen (vgl.III,6.a).

- Mehrere Primzahlpotenzen können in Fibonacci-abc-Tripeln immer dann auftreten, wenn in *einer* Tripelzahl verschiedene Potenzen vorkommen (vgl.5.) oder die Primzahlpotenzen auf die Tripelzahlen verteilt sind.
Primzahlpotenzen, die in einer Tripelzahl F vorkommen, sind in den anderen Fibonacci-Zahlen, die mit F ein Tripel bilden, wegen der Teilerfremdheit der Tripelzahlen ausgeschlossen.

- Zu jeder Fibonacci-Zahl F_i gibt es genau drei Tripel, die diese Zahl enthalten:
$$(\boldsymbol{F_i}, F_{i+1}, F_{i+2})$$
$$(F_{i-1}, \boldsymbol{F_i}, F_{i+1})$$
$$(F_{i-2}, F_{i-1}, \boldsymbol{F_i}). \tag{11}$$

Die Indizes der Nachbarzahlen sind $i \pm 1$, bzw. $i \pm 2$.
Ist F_i die geradzahlige Tripelzahl, erfüllt also der Index i eine der Gleichungen $i = 12k + 6$ (vgl. 10a$_1$), $i = 12k$ (vgl. 10a$_2$), $i = 6k + 3$ (vgl. 10b), dann sind auch die Indizes der ungeraden Nachbarzahlen eindeutig. So lassen sich folgende allgemeine Tripel unterscheiden:

G_{g1}:

$$(\boldsymbol{F_{12k+6}}, F_{12k+7}, F_{12k+8}) : \quad (\boldsymbol{G_{g1}}U_uU_g)$$
$$(F_{12k+5}, \boldsymbol{F_{12k+6}}, F_{12k+7}) : \quad (U_u\boldsymbol{G_{g1}}U_u)$$
$$(F_{12k+4}, F_{12k+5}, \boldsymbol{F_{12k+6}}) : \quad (U_gU_u\boldsymbol{G_{g1}}) \quad\quad (11a_1)$$

Diese Tripel zu $\boldsymbol{F_{12k+6}}$ enthalten stets die Potenz 2^3, aber keine Potenzen von 3.
Potenzen von 5, 11, 13, 17, 19 sind in $F_{6(2k+1)}$ möglich, allerdings weit verteilt: Potenzen von 5 in $F_{150(2k+1)}$, Potenzen von 11 in $F_{330(2k+1)}$; Potenzen von 13 treten zum ersten Mal in F_{546} auf.
Potenzen von 17, 19, 23 können in keinem Tripel zu $\boldsymbol{F_{12k+6}}$ (11a$_1$) auftreten, da alle entsprechenden diophantischen Gleichungen unlösbar sind (ggT(12; 153) = 3, ggT(12; 342) = 3, ggT(12; 552) = 12).

G_{g2}:

$$(\boldsymbol{F_{12k}}, F_{12k+1}, F_{12k+2}) : \quad (\boldsymbol{G_{g2}}U_uU_g)$$
$$(F_{12k-1}, \boldsymbol{F_{12k}}, F_{12k+1}) : \quad (U_u\boldsymbol{G_{g2}}U_u)$$
$$(F_{12k-2}, F_{12k-1}, \boldsymbol{F_{12k}}) : \quad (U_gU_u\boldsymbol{G_{g2}}) \quad\quad (11a_2)$$

Diese Tripel enthalten immer Potenzen von 2 und 3 (in $\boldsymbol{F_{12k}}$). Für die ungeraden Nachbarzahlen mit den Indizes 12k $\pm$ 1, bzw. 12k $\pm$ 2 gilt:
Die Nachbarzahlen können keine Potenz von 7 enthalten, da die Gleichungen 12k $\pm$ 1 = 56m und 12k $\pm$ 2 = 56m nicht lösbar sind (ggT(12; 56) = 4). Ebenso können die Nachbarzahlen keine Potenzen von 17, 19, 23 enthalten, wie (11a$_1$).

G_u:

$$(\boldsymbol{F_{6k+3}}, F_{6k+4}, F_{6k+5}) : \quad (\boldsymbol{G_u}U_gU_u)$$
$$(F_{6k+2}, \boldsymbol{F_{6k+3}}, F_{6k+4}) : \quad (U_g\boldsymbol{G_u}U_g)$$
$$(F_{6k+1}, F_{6k+2}, \boldsymbol{F_{6k+3}}) : \quad (U_uU_g\boldsymbol{G_u}) \quad\quad (11b)$$

Diese Tripel enthalten keine Potenzen von 2, 3, sowie keine Potenzen 23. Die Nachbarzahlen von F_{6k+3} können wiederum keine Potenzen von 17, 19, 23 enthalten.

Potenzen von 5 können in allen geraden oder ungeraden Fibonacci-Zahlen, deren Index i = 25k ist, vorkommen. Tripel, in denen eine Potenz von 5 vorkommt, können prinzipiell beliebige andere Primzahlpotenzen beinhalten.

- Weitere allgemeine Regeln für Auftreten und Verteilung von Primzahlpotenzen lassen sich praktisch nicht angeben, sieht man von speziellen Ausschlussprinzipien ab, die sich in konkreten Beispielen zeigen.

Das Grundproblem ist, wie viele Primzahlpotenzen sich aus allen drei Tripelzahlen ergeben, wie hoch die einzelnen Potenzen sind und ob (8) immer gilt.

Es zeigt sich, dass für alle Tripel, die aus Fibonacci-Zahlen $F_i < F_{150}$ gebildet werden können, wenn überhaupt, nur Potenzen von Primzahlen z < 17 vorkommen.

In den Tripeln zu $F_i < F_{500}$ treten nicht mehr als drei verschiedene Primzahlpotenzen pro Tripel auf.

So ist beispielsweise das Radikal $r(F_a, F_b, F_c) = 2*3*5*P$ für folgende Tripel:
(F_{23}, F_{24}, F_{25}), (F_{24}, F_{25}, F_{26}), (F_{48}, F_{49}, F_{50}), in denen jeweils für eine Tripelzahl r = F gilt (vgl Tabelle 2, Anhang), sowie: $(F_{250}, F_{251}, F_{252})$ und $(F_{300}, F_{301}, F_{302})$, wobei im letzten Tripel F_{300} (G_{g1}) alle drei Potenzen enthält (vgl.5.Anm.2), das Tripel aber keine weiteren Potenzen von Primzahlen z < 17 aufweist und somit, sofern nicht in den Tripelzahlen eine Potenz einer großen Ptrimzahl zum ersten Mal auftritt, ist aufgrund der Größe der Zahlen jeweils $r(F_a, F_b, F_c) \geq \sqrt{F_a * F_b * F_c} > F_c$, (8'), zu erwarten.

Das erste Tripel mit 4 Primzahlpotenzen ist das Tripel zu F_{550} mit $r(F_{550}, F_{551}, F_{552}) = 2*3*5*11*P$ (vgl. Beispiel).

- Soweit ersichtlich, können Primzahlpotenzen größerer Primzahlen nur bei sehr großen Fibonacci-Zahlen vorkommen.

Sofern bei großen Fibonacci-Zahlen die Primfaktorzerlegung nicht explizit bekannt ist, bleibt offen, ob Potenzen großer Primfaktoren in den untersuchten Zahlen zum ersten Mal vorliegen.

- Im Einzelfall kann man die Tripelzahlen einzeln untersuchen und die Kriterien für die Gültigkeit von (6), (7), (8) überprüfen.

Dies soll an folgenden Beispielen abschließend demonstriert werden:

Beispiel: Tripel zu F_{111}, (G_u, da: 111 = 6k + 3, (vgl.(10b), (11b)):

$$(F_{111}; F_{112}; F_{113}) : \quad (G_u U_g U_u),$$
$$(F_{110}; F_{111}; F_{112}) : \quad (U_g G_u U_g)$$
$$(F_{109}; F_{110}; F_{111}) : \quad (U_u U_g G_u).$$

F_{111} ist eine gerade Fibonacci-Zahl mit ungeradem Index (G_u) und hat überhaupt keine Primzahlpotenzen:
$F_{111} = 2*73*149*2221*1459000305513721 = r(F_{111})$.

$F_{112} = F_{56}*L_{56}$, (U_g), enthält nur die Potenz 7^2 (vgl.Tabelle 2):
$F_{112} = F_{56} L_{56} = 3*7^2 *13*29*47*281*14503*10745088481$.

F_{113} hat primen Index und enthält keine Primzahlpotenz:
$F_{113} = 677 * 272602401466814027129 = r(F_{113})$.

$F_{110} = F_{55}*L_{55}$, (U_g), enthält nur die Potenz 11^2 (vgl.Tabelle 2):
$F_{110} = 5*89*11^2 *199*331*661*39161*474541$.

$F_{109} = 827728777*32529675488417$ (U_u).

Somit ist:

$r(F_{109}, F_{110}, F_{111}) = 11*P_{109,110,111} > F_{111}.$
$r(F_{110}, F_{111}, F_{112}) = 7*11*P_{110,111,112} > F_{112}.$
$r(F_{111}, F_{112}, F_{113}) = 11*P_{111,112,113} > F_{113}.$

Beispiel: Tripel zu F_{225}, (G_u, da 225 = 6n + 3, vgl.(10b)):

$$(F_{225}, F_{226}, F_{227}) : \quad (G_u U_g U_u)$$
$$(F_{224}, F_{225}, F_{226}) : \quad (U_g G_u U_g)$$
$$(F_{223}, F_{224}, F_{225}) : \quad (U_u U_g G_u)$$

F_{223} (U_u) hat primen Index und es ist $r(F_{223}) = F_{223}$,
F_{224} (U_g, da: 224 = 6n + 2, vgl.(10c)), enthält nur eine Potenz von 7,
$F_{225} = F_{25*9-1}$, (G_u) enthält nur eine Potenz von 5,
$F_{226} = F_{113} * L_{113}$ ist potenzfrei, also r = F. Somit ist:

$r(F_{223}, F_{224}, F_{225}) = 5*7*P_{223,224,225} > F_{225}$.
$r(F_{224}, F_{225}, F_{226}) = 5*7*P_{224,225,226} > F_{226}$.
$r(F_{225}, F_{226}, F_{227}) = 5*P_{225,226,227} > F_{227}$.

An diesem Beispiel soll exemplarisch die genaue Berechnung der Tripelzahlen vorgestellt werden (durchgeführt mit dem Online-Rechner "Primzahlen.zeta24.com"), aus der ersichtlich ist, dass tatsächlich keine weiteren Primzahlpotenzen vorliegen:

F_{223} lässt sich mit III(11b) für i = 223, r = 110, darstellen durch:
$F_{223} = L_{113} * F_{110} + F_3 = (F_{112} + F_{114}) * F_{110} + 2$, und somit lässt sich gemäß $F_{2n} = F_n * L_n$ die Berechnung von F_{223} direkt nach Tabelle 2, Anhang, durchführen. Man erhält:
$F_{223} =$
= 17 97872 01985 65577 10498 10841 95586 02412 70874 28957 =
= 4013*108377*251534189*1643446100464101388961560 70813,
wobei in der Primzahlzerlegung auch der vierte Faktor höchstwahrscheinlich prim ist, so dass $r(F_{223}) = F_{223}$ angenommen werden kann.

$F_{224} = F_7 L_7 L_{14} L_{28} L_{56} L_{112} =$
= 3*7² *13*29*47*223*281*449*2207*14503*10745088481*
*1154149773784223.
$F_{225} = F_{223} + F_{224} = 2*5^2*17*61*3001*109441*230686501*$
*1198166198205095 7053616001.
$F_{226} = F_{113} * L_{113} = F_{113} * (F_{112} + F_{114})$ und hat mit den Werten aus

dem vorigen Beispiel die Primfaktorzerlegung:
$F_{226} = 677*27260240146681402712 9*41267042784492103747077 1$,
also $r(F_{226}) = F_{226}$.

Beispiel: Tripel zu F_{282}, (G_{g1}, da $282 = 12k + 6$, vgl. (10a$_1$)):

$(F_{282}, F_{283}, F_{284})$: $(G_{g1}U_uU_g)$
$(F_{281}, F_{282}, F_{283})$: $(U_uG_{g1}U_u)$
$(F_{280}, F_{281}, F_{282})$: $(U_gU_uG_{g1})$

F_{280} enthält als ungerade Fibonacci-Zahl mit geradzahligem Index nur eine Potenz von 7, da $280 = 5*56$, sonst keine weiteren Potenzen, da kein kennzeichnender Index $x < 140$ Teiler von 280 ist.

Dies ist auch an der Zerlegung $F_{280} = F_{35}L_{35}L_{70}L_{140}$ zu sehen: $F_{35} = 5*13*141961$; den Teilbarkeitsregeln der Lucas-Zahlen ist zu entnehmen, dass L_{70} durch 3 teilbar ist, (aber F_{280} kann als G_{g1} keine Potenz von 3 enthalten), L_{140} ist durch 7 teilbar und enthält demnach die Potenz von 7. Also ist $F_{280} = 7*P_{280}$.

F_{281} und F_{283} haben primen Index, also keine Fibonacci-Teiler und keine Primzahlpotenzen.

F_{282} hat als G_{g1} die Zweierpotenz 2^3, sonst keine weiteren Potenzen.

F_{284} hat keine Primzahlpotenzen, da kein kennzeichnender Index $x < 142$ Teiler von 284 ist.
Somit ist:

$r(F_{280}, F_{281}, F_{282}) = 2*7*P_{280,281,282} > F_{282}$,
$r(F_{281}, F_{282}, F_{283}) = 2*P_{281,282,283} > F_{283}$.
$r(F_{282}, F_{283}, F_{284}) = 2*P_{282,283,284} > F_{284}$,

(wobei $P_{a,b,c}$ das zum Tripel (F_a, F_b, F_c) gehörige Produkt der potenzfreien Primfakt

Beispiel: Tripel zu $F_{12k} = F_{552}$, (G_{g2}):

$(F_{552}, F_{553}, F_{554})$: $(G_gU_uU_g)$
$(F_{551}, F_{552}, F_{553})$: $(U_uG_gU_u)$
$(F_{550}, F_{551}, F_{552})$: $(U_gU_uG_g)$

$F_{552} = F_{69}L_{69}L_{138}L_{276}$ enthält die Zweierpotenz 2^5, da F_{69} (G_u) den Primfaktor 2 nur einfach enthält (vgl.(10b)), L_{69} gemäß III(25b) die Potenz 2^2 mitbringt, die beiden anderen Lucas-Faktoren jeweils den Faktor 2 (vgl.III(25a)) nur einfach haben.

F_{552} enthält auch eine Potenz von 3, aber keine Potenzen von Primzahlen z, 3 < z < 30, da die für die Primzahlpotenzen kennzeichnenden Indizes x ≤ 0,5i, nämlich $x_5 = 25$, $x_7 = 56$, $x_{11} = 110$, $x_{13} = 91$, $x_{17} = 153$ nicht Teiler von i = 550 sind.

F_{550} ist eine ungerade Zahl (U_g) und hat nur Potenzen z < 30 von 5 und 11, da i = 550 = 25*22 = 110*5.

F_{551} (U_u) und F_{553} (U_u) enthalten überhaupt keine Primzahlpotenzen z < 30, da kein kennzeichnender Index x ≤ 0,5i Teiler von 551, bzw. 553 ist,
also: $r(F_{551}) = F_{551}$, $r(F_{553}) = F_{553}$ => mit (7) für alle drei Tripel:

r(F$_{550}$, F$_{551}$, F$_{552}$) = *2*3*5*11*P$_{550,551,552}$* > *F$_{552}$*,
r(F$_{551}$, F$_{552}$, F$_{553}$) = *2*3*P$_{551,552,553}$* > *F$_{553}$*,
r(F$_{552}$, F$_{553}$, F$_{554}$) = *2*3*P$_{552,553,554}$* > *F$_{554}$*.

Wenn alle drei Tripelzahlen Primzahlpotenzen enthalten, ist (7) nicht anwendbar. Zu untersuchen ist dann, ob mit (8), bzw. (9) gezeigt werden kann, dass $r(F_a, F_b, F_c) > F_c$ gilt.

Dazu folgendes Beispiel:

Beispiel: Tripel zu F_{12k+6} = *F_{1002}*, (*G_{g1}*):

(*F_{1002}*, F_{1003}, F_{1004}) :   (*G_{g1}*$U_u U_g$)
(F_{1001}, *F_{1002}*, F_{1003}) :   (U_u*G_{g1}*U_u)
(F_{1000}, F_{1001}, *F_{1002}*) :   ($U_g U_u$*G_{g1}*)

F_{1002} = $F_{501}L_{501}$ enthält nur 2^3, keine Potenzen für z < 30 von:
3 (vgl.6.a), 5 ($x_5 = 25$), 7 ($x_7 = 56$), 11 ($x_{11} = 110$), 13 ($x_{13} = 91$),

17 ($x_{17} = 153$), 19 ($x_{19} = 342$), 23 ($x_{23} = 552$), sowie keine Potenzen höherer Primzahlen, deren kennzeichnender Index $x > 0{,}5i = 501$ ist, (vorausgesetzt, es gibt keine Primzahlpotenzen, die in F_{1002} zum ersten Mal auftreten).

$F_{1001} = F_{91*11}$ enthält eine Potenz von 13, sonst keine weiteren Primzahlpotenzen (wiederum vorausgesetzt, es gibt keine Primzahlpotenzen, die in F_{1001} zum ersten Mal auftreten).

F_{1000} hat eine Potenz von 5, aber keine weiteren Primzahlpotenzen, weil der jeweilige kennzeichnende Index nicht Teiler von 1000 ist.

Damit ist unter der Annahme, dass keine Potenzen von Primzahlen in diesen Zahlen zum ersten Mal auftreten, das Radikal

$r(F_{1000}, F_{1001}, \boldsymbol{F_{1002}}) = 2*5*13*P_{1000,1001,1002}$,

wobei $P_{1000,1001,1002}$ das Produkt aller vorkommenden potenzfreien Primzahlen dieses Tripels ist.

Wenn also keine weiteren Primzahlpotenzen auftreten, ist das Produkt der potenzfreien Primzahlen P wegen der Größe der beteiligten Zahlen sicher wesentlich größer als das Produkt der Primzahlpotenzen, und es gilt dann mit (8):

$r(F_{1000}, F_{1001}, \boldsymbol{F_{1002}}) > \boldsymbol{F_{1002}}$.

F_{1003} (U_u) hat überhaupt keine Potenzen von Primzahlen $z < 30$, (da die kennzeichnenden Indizes $x < 502$ nicht Teiler von 1003 sind).
Wenn in F_{1003} nicht irgendwelche Primzahlpotenzen zum ersten Mal erscheinen, dann gilt $r(F_{1003}) = F_{1003}$.

Somit ist auch für die beiden verbleibenden Tripel anzunehmen, dass mit (7) oder (8):

$r(F_{1001}, \boldsymbol{F_{1002}}, F_{1003}) > F_{1003}$, bzw.
$r(\boldsymbol{F_{1002}}, F_{1003}, F_{1004}) > F_{1004}$ gilt. -

Die Beispiele zeigen, wie die in den vorangegangenen Kapiteln beschriebenen Beziehungen angewendet werden können.

Zum Beweis der Gültigkeit der Fibonacci-abc-Vermutung müsste gezeigt werden, dass für *alle* Fibonacci-Zahlen in der Primfaktorzerlegung das Produkt der potenzfreien Primfaktoren stets größer ist als das Produkt aller Primzahlpotenzen (vgl.(8), (9)).

Ein Gegenbeispiel, das die Fibonacci-Vermutung widerlegen würde, konnte jedenfalls nicht gefunden werden.

Ein Beweis Richtigkeit der Fibonacci-abc-Vermutung ist allerdings im Rahmen dieser Ausführungen nicht möglich und kann, wenn überhaupt möglich, nur in Zusammenhängen allgemeiner Untersuchungen zur abc-Vermutung erbracht werden.

-.-

8. Zusammenfassung zu V:

> *Je drei aufeinanderfolgende Fibonacci-Zahlen sind abc-Tripel*
>
> $$(F_n, F_{n+1}, F_{n+2}) \quad (n > 2)$$
>
> *Es gibt 6 Typen von Fibonacci-abc-Tripeln:*
> $$T_1 \quad T_2 \quad T_3 \quad T_4 \quad T_5 \quad T_6$$
> $$(G_u U_g U_u),\ (U_g U_u G_g),\ (U_u G_g U_u),\ (G_g U_u U_g),\ (U_u U_g G_u),\ (U_g G_u U_g), \quad (2)$$
>
> *wobei G eine gerade, U eine ungerade Fibonacci-Zahl mit geradem Index g oder ungeradem Index u ist.*
>
> *Für die Fibonacci-Zahlen (F_n, F_{n+1}, F_{n+2}) eines Tripels gilt folgende Anordnung:*
>
> $$1 < F_n < F_{n+1} < 2F_n < F_{n+2} < 3F_n < 2F_{n+1} \quad (3)$$
>
> *Fibonacci-abc-Vermutung:*
>
> $$r(F_n) * r(F_{n+1}) * r(F_{n+2}) \geq F_{n+2} \text{ für alle } n \in \mathbb{N}. \quad (6')$$
>
> *Gilt für eine Tripelzahl r = F, so gilt:*
>
> $$r(F_n) * r(F_{n+1}) * r(F_{n+2}) \geq F_{n+2} \quad (7)$$
>
> *Weiter gilt:*
>
> $$r(F_a F_b F_c) > \sqrt{F_a * F_b * F_c} \quad \Rightarrow \quad r(F_a F_b F_c) > F_c, \quad (8)$$
>
> *sowie:* $\quad P > p^j \quad \Rightarrow \quad r(F) > \sqrt{F}, \quad (9)$
>
> *wenn P das Produkt der potenzfreien Primfaktoren, p^j das Produkt der Primzahlpotenzen ist.*

Fibonacci-Vermutung: *Für alle Fibonacci-Zahlen ist der potenzfreie Anteil P der Primfaktorzerlegung größer als das Produkt der Primzahlpotenzen p^j.*

Wenn die Fibonacci-Vermutung richtig ist, ist auch die Fibonacci-abc-Vermutung richtig.

Fibonacci-Zahlen mit ungeradem Index U_u, G_u können keine Potenzen von 2, 3, 7, 11, 19, 23, 29,...etc. enthalten, die erstmalig in einer Fibonacci-Zahl mit geradzahligem Index vorkommen (vgl.III,6.a).

G_g: $i = 6n$, (10a)
 n gerade: $i = 12k$,
  alle F_{12k} enthalten beliebige Potenzen von 2 und 3
 n ungerade: $i = 12k + 6$,
  alle F_{12k+6} enthalten die Potenz 2^3.

G_u: $i = 6n + 3$, (10b)
 i ungerade => G_u hat keine Potenzen von 2, 3,...(s.o.)

U_g: $i = 6n \pm 2$, (10c)
 F_{6n+2}, F_{6n+4} lassen sich zerlegen gemäß $F_{2k} = F_k L_k$.

U_u: $i = 6n \pm 1$, (10d)
 i ungerade => U_u hat keine Potenzen von 2, 3,...(s.o.)

Zu U_u gehören:
(1) alle primen Fibonacci-Zahlen, $r(F_p) = F_p$
(2) alle nichtprimen Fibonacci-Zahlen mit primem Index p
(3) alle ungeraden Fibonacci-Zahlen mit nichtprimem Index.

Jede Fibonacci-Zahl kommt in drei aufeinanderfolgenden Tripeln vor (vgl.(2), bzw.(2')).

VI. Anhang:

Tabelle 1: Fibonacci- und Lucas-Zahlen bis Index i = 60

F1 = 1	-	L1 = 1
F2 = 1	-	L2 = 3
F3 = 2	F3/F2 = 2	L3 = 4
F4 = 3	F4/F3 = 1,5	L4 = 7
F5 = 5	F5/F4 = 1,66..	L5 = 11
F6 = 8	F6/F5 = 1,6	L6 = 18
F7 = 13	F7/F6 = 1,625	L7 = 29
F8 = 21	F8/F7 = 1,615384615384615	L8 = 47
F9 = 34	F9/F8 = 1,619047619047619	L9 = 76
F10 = 55	F10/F9 = 1,617647058823529	L10 = 123
F11 = 89	F11/F10 = 1,618181818181818	L11 = 199
F12 = 144	F12/F11 = 1,617977528089888	L12 = 322
F13 = 233	F13/F12 = 1,618055555555555	L13 = 521
F14 = 377	F14/F13 = 1,618025751072961	L14 = 843
F15 = 610	F15/F14 = 1,618037135278515	L15 = 1364
F16 = 987	F16/F15 = 1,618032786885246	L16 = 2207
F17 = 1597	F17/F16 = 1,618034447821682	L17 = 3571
F18 = 2584	F18/F17 = 1,618033813400125	L18 = 5778
F19 = 4181	F19/F18 = 1,618034055727554	L19 = 9349
F20 = 6765	F20/F19 = 1,618033963166706	L20 = 15127
F21 = 10946	F21/F20 = 1,618033998521803	L21 = 24476
F22 = 17711	F22/F21 = 1,618033985017358	L22 = 39603
F23 = 28657	F23/F22 = 1,618033990175597	L23 = 64079
F24 = 46368	F24/F23 = 1,618033988205325	L24 = 103682
F25 = 75025	F25/F24 = 1,618033988957902	L25 = 167761
F26 = 121393	F26/F25 = 1,618033988670443	L26 = 271443
F27 = 196418	F27/F26 = 1,618033988780243	L27 = 439204
F28 = 317811	F28/F27 = 1,618033988738303	L28 = 710647
F29 = 514229	F29/F28 = 1,618033988754322	L29 = 1149851
F30 = 832040	F30/F29 = 1,618033988748204	L30 = 1860498

F31 = 1346269   F31/F30 = 1,618033988750514   L31 = 3010349
F32 = 2178309   F32/F31 = 1,618033988749648   L32 = 4870847
F33 = 3524578   F33/F32 = 1,618033988749989   L33 = 7881196
F34 = 5702887   F34/F33 = 1,618033988749859   L34 = 12752043
F35 = 9227465   F35/F34 = 1,618033988749909   L35 = 20633239
F36 = 14930352   F36/F35 = 1,618033988749890   L36 = 33385282
F37 = 24157817   F37/F36 = 1,618033988749897   L37 = 54018521
F38 = 39088169   F38/F37 = 1,618033988749894   L38 = 87403803
F39 = 63245986   F39/F38 = 1,618033988749895   L39 = 141422324
F40 = 102334155   F40/F39 = 1,618033988749895   L40 = 228826127

F41 = 165580141   F41/F40 = 1,618033988749895   L41 = 370248451
F42 = 267914296   -   L42 = 599074578
F43 = 433494437   -   L43 = 969323029
F44 = 701408733   -   L44 = 1568397607
F45 = 1134903170   -   L45 = 2537720636
F46 = 1836311903   -   L46 = 4106118243
F47 = 2971215073   -   L47 = 6643838879
F48 = 4807526976   -   L48 = 10749957122
F49 = 7778742049   -   L49 = 17393796001
F50 = 12586269025   -   L50 = 28143753123

F51 = 20365011074   L51 = 45537549124
F52 = 32951280099   L52 = 73681302247
F53 = 53316291173   L53 = 119218851371
F54 = 86267571272   L54 = 192900153618
F55 = 139583862445   L55 = 312119004989
F56 = 225851433717   L56 = 505019158607
F57 = 365435296162   L57 = 817138163596
F58 = 591286729879   L58 =1322157322203
F59 = 956722026041   L59 =2139295485799
F60 = 1548008755920   L60 =3461452808002
...   ...

Tabelle 2: Primfaktorzerlegung der Fibonacci-Zahlen bis i = 60

Es bedeuten:
P: Primzahl, **p** primer Index, **Pp:** Primzahl mit primem Index,
r: Radikal,   r = F: Radikal = F-Zahl.

F1 = 1			r = F
F2 = 1			r = F
F3 = 2	**Pp**		r = F
F4 = 3	**P**		r = F
F5 = 5	**Pp**		r = F
F6 = 8	= F3*L3	= 2^3	
F7 = 13	**Pp**		r = F
F8 = 21	= F4*L4	= 3*7	r = F
F9 = 34		= 2*17	r = F
F10 = 55	= F5*L5	= 5*11	r = F
F11 = 89	**Pp**		r = F
F12 = 144	= F6*L6	= $2^4 * 3^2$	
F13 = 233	**Pp**		r = F
F14 = 377	= F7*L7	= 13*29	r = F
F15 = 610		= 2*5*61	r = F
F16 = 987	= F8*L8	= 3*7*47	r = F
F17 = 1597	**Pp**		r = F
F18 = 2584	= F9*L9	= 2^3 *17*19	
F19 = 4181	**p**	= 37*113	r = F
F20 = 6765	= F10*L10	= 5 *11* 3*41	r = F
F21 = 10946		= 2*13*421	r = F
F22 = 17711	= F11*L11	= 89*199	r = F
F23 = 28657	**Pp**		r = F
F24 = 46368	= F12*L12	= $2^5 * 3^2$ *7*23	
F25 = 75025		= 5^2 *3001	
F26 = 121393	= F13*L13	= 233*521	r = F
F27 = 196418		= 2*17*53*109	r = F
F28 = 317811	= F14*L14	= 3*13*29*281	r = F
F29 = 514229	**Pp**		r = F
F30 = 832040	= F15*L15	= 2^3 *5*11*31*61	

F31 = 1346269	p	= 557*2417	r = F
F32 = 2178309	= F16*L16	= 3*7*47*2207	r = F
F33 = 3524578		= 2*89*19801	r = F
F34 = 5702887	= F17*L17	= 1597*3571	r = F
F35 = 9227465		= 5*13*141961	r = F
F36 = 14930352	= F18*L18	= 2^4*3^3*17*19*107	
F37 = 24157817	p	= 73*149*2221	r = F
F38 = 39088169	= F19*L19	= 37*113*9349	r = F
F39 = 63245986		= 2*233*135721	r = F
F40 = 102334155	= F20*L20	= 3*5*7*11*41*2161	r = F
F41 = 165580141	p	= 2789*59369	r = F
F42 = 267914296	= F21*L21	= 2^3*13*29*211*421	
F43 = 433494437	Pp		r = F
F44 = 701408733	= F22*L22	= 3*43*89*199*307	r = F
F45 = 1134903170		= 2*5*17*61*109441	r = F
F46 = 1836311903	= F23*L23	= 139*461*28657	r = F
F47 = 2971215073	Pp		r = F
F48 = 4807526976	= F24*L24	= 2^6*3^2*7*23*47*1103	
F49 = 7778742049		= 13*97*6168709	r = F
F50 = 12586269025	= F25*L25	= 5^2*11*101*151*3001	
F51 = 20365011074		= 2*1597*6376021	r = F
F52 = 32951280099	= F26*L26	= 3*233*521*90481	r = F
F53 = 53316291173	p	= 953*55945741	r = F
F54 = 86267571272	= F27*L27	= 2^3*17*19*53*109*5779	
F55 = 139583862445		= 5*89*661*474541	r = F
F56 = 225851433717	= F28*L28	= 3*7^2*13*29*281*14503	
F57 = 365435296162		= 2*37*113*797*54833	r = F
F58 = 591286729879	= F29*L29	= 59*19489*514229	r = F
F59 = 956722026041	p	= 353*2710260697	r = F
F60 = 1548008755920	= F30*L30	= 2^4*3^2*5*11*31*41*61*2521	

Tabelle 3: Primfaktorzerlegung der Lucas-Zahlen bis i = 60

Es bedeuten:
P: Primzahl, **p** primer Index, **Pp:** Primzahl mit primem Index,
r: Radikal, r = L: Radikal = L-Zahl.

L1 = 1			r = L
L2 = 3	**Pp**		r = L
L3 = 4		= 2^2	
L4 = 7	**P**		r = L
L5 = 11	**Pp**		r = L
L6 = 18		= $2*3^2$	
L7 = 29	**Pp**		r = L
L8 = 47	**P**		r = L
L9 = 76		= 2^2 *19	
L10 = 123		= 3*41	r = L
L11 = 199	**Pp**		r = L
L12 = 322		= 2*7*23	
L13 = 521	**Pp**		r = L
L14 = 843		= 3*281	r = L
L15 = 1364		= 2^2 *11*31	
L16 = 2207	**P**		r = L
L17 = 3571	**Pp**		r = L
L18 = 5778		= $2*3^3$ *107	
L19 = 9349	**Pp**		r = L
L20 = 15127		= 7*2161	r = L
L21 = 24476		= 2^2 *29*211	
L22 = 39603		= 3*43*307	r = L
L23 = 64079	**p**	= 139*461	r = L
L24 = 103682		= 2*47*1103	r = L
L25 = 167761		= 11*101*151	r = L
L26 = 271443		= 3*90481	r = L
L27 = 439204		= 2^2 *19*5779	
L28 = 710647		= 7^2 *14503	
L29 = 1149851	**p**	= 59*19489	r = L
L30 = 1860498		= $2*3^2$ *41*2521	

L31 = 3010349	**Pp**	r = L
L32 = 4870847	= 1087*4481	r = L
L33 = 7881196	= 2^2 *199*9901	
L34 = 12752043	= 3*67*63443	r = L
L35 = 20633239	= 11*29*71*911	r = L
L36 = 33385282	= 2*7*23*103681	r = L
L37 = 54018521	**Pp**	r = L
L38 = 87403803	= 3*29134601	r = L
L39 = 141422324	= 2^2 *79*521*859	
L40 = 228826127	= 47*1601*3041	r = L
L41 = 370248451	**Pp**	r = L
L42 = 599074578	= 2*3^2 *83*281*1427	
L43 = 969323029	**p** = 6709*144481	r = L
L44 = 1568397607	= 7*263*881*967	r = L
L45 = 2537720636	= 2^2 *11*19*31*181*541	
L46 = 4106118243	= 3*4969*275449	r = L
L47 = 6643838879	**Pp**	r = L
L48 = 10749957122	= 2*769*2207*3167	r = L
L49 = 17393796001	= 29*599786069	r = L
L50 = 28143753123	= 3*41*401*570601	r = L
L51 = 45537549124	= 2^2 *919*3469*3571	
L52 = 73681302247	= 7*103*102193207	r = L
L53 = 119218851371	**Pp**	r = L
L54 = 192900153618	= 2*3^4 *107*11128427	
L55 = 312119004989	= 11^2 *199*331*39161	
L56 = 505019158607	= 47*10745088481	r = L
L57 = 817138163596	= 2^2 *229*9349*95419	
L58 = 1322157322203	= 3*347*1270083883	r = L
L59 = 2139295485799	**p** = 709*8969*336419	r = L
L60 = 3461452808002	= 2*7*23*241*2161*20641	r = L